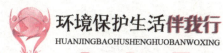

Environmental

人类未来的问号

吴波 ◎ 编著

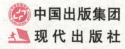

图书在版编目（CIP）数据

人类未来的问号／吴波编著．—北京：现代出版社，2012.12（2024.12重印）

（环境保护生活伴我行）

ISBN 978-7-5143-0963-8

Ⅰ.①人… Ⅱ.①吴… Ⅲ.①生态环境-环境保护-普及读物 Ⅳ.①X171.1-49

中国版本图书馆CIP数据核字（2012）第275451号

人类未来的问号

编　　著	吴　波
责任编辑	李　鹏
出版发行	现代出版社
地　　址	北京市朝阳区安外安华里504号
邮政编码	100011
电　　话	010-64267325　010-64245264（兼传真）
网　　址	www.xdcbs.com
电子信箱	xiandai@cnpitc.com.cn
印　　刷	唐山富达印务有限公司
开　　本	710mm×1000mm　1/16
印　　张	12
版　　次	2013年1月第1版　2024年12月第4次印刷
书　　号	ISBN 978-7-5143-0963-8
定　　价	57.00元

版权所有，翻印必究；未经许可，不得转载

前　言

地球是太阳系从内到外的第三颗行星，也是太阳系中唯一存在生命的星球。地球周围被大气层包围着，表面是陆地和海洋，有人类和动植物生存。人类及各种动植物等有生命物质，与大气、水体、土壤、矿物质等无生命物质构成了一个复杂的生态系统。它们之间彼此关联，相互依存，使自然界的各种有机、无机成分得以往复不止地循环。

为了生存发展和提升生活水平，从远古社会至今，人类就不断地进行着不同规模不同类型的活动，包括农、林、渔、牧、矿、工、商、交通和各种工程建设等等。人类活动已成为地球上一项巨大的营力，迅速而剧烈地改变着自然界，反过来又影响着自身的发展。人们改造自然的行动必须遵循客观规律，如果任意夸大主观意愿的作用，往往就要破坏生态平衡，从而受到大自然的惩罚。

例如，20世纪50年代后期，巴西在广阔的未开发国土上伐林垦荒，成千上万顷原始森林被迅速砍伐一空，种上了玉米。最初两三年，因为森林土质肥沃，玉米收成很好。可是大自然很快给予报复。大面积植被遭到破坏后，雨量剧减，风沙陡增，土地肥力急速下降，玉米产量越来越低，直至无收。大片大片的原始森林，几年时间便化为沙漠荒野。

因此，我们不能不说，人类活动已经成为影响地球上生态系统稳定的主导负面因子。森林和草原植被的退化或消亡、生物多样性的减退、水土流失及污染的加剧、大气的温室效应突显及臭氧层的破坏，这一切无不给人类敲响了警钟。生态问题变得越来越尖锐和突出，环境污染已经跨越国界，成为全球性的问题。

在地球生态系统中，人类居于特殊的、举足轻重的地位，所以人类必须善待自然，对自己的发展和活动有所控制，让人和自然能够和谐发展。

本书多角度、多视角地把目前人类面临的生态问题列举出来，以期引起重视，从而加入到爱护家园的行列中来，为人与自然的和谐发展出一份力。

本书文字简约，图文并茂，具有很强的可读性，是一本不可多得的科普读物。

目　录

大气污染：日益严峻

煤烟型烟雾公害事件 …………………………………………… 1
洛杉矶的光化学烟雾 …………………………………………… 7
大气圈及对人类活动的影响 …………………………………… 11
大气被污染的原因 ……………………………………………… 18
空气污染与人体健康 …………………………………………… 23
空气污染对植物的影响 ………………………………………… 25
酸雨的危害 ……………………………………………………… 29
温室效应的后果 ………………………………………………… 32
臭氧层的破坏 …………………………………………………… 36
大气污染的生态恢复 …………………………………………… 39

水体破坏：日趋加剧

水与人类 ………………………………………………………… 45
日本的水俣病事件 ……………………………………………… 51
水体污染的原因 ………………………………………………… 54
海洋生态环境的恶化 …………………………………………… 58
红色幽灵：海洋赤潮 …………………………………………… 61
蓝藻对湖泊生态的影响 ………………………………………… 63
生态恢复水污染的方法 ………………………………………… 66

核污染:不容忽视

- 广岛原子弹事件 …… 72
- 核武器原理 …… 75
- 核试验祸害马绍尔群岛 …… 79
- 核能发电与核污染事故 …… 84
- 光辐射的危害 …… 89
- 贯穿辐射的危害 …… 92
- 放射性沾染的危害 …… 95
- 核辐射与生物变异 …… 98
- 核污染处理 …… 101

生物圈危机:愈演愈烈

- 生物群落的概念 …… 105
- 日益减少的森林 …… 110
- 沙漠化与天然植被破坏 …… 115
- 肥料污染危害生物 …… 119
- 土壤污染与防治 …… 123
- 生物多样性危机 …… 128
- 物种灭绝的加速 …… 133
- 生物入侵影响全球 …… 136
- 生物入侵的危害 …… 140

生态问题防治:前途光明

- 生态安全体系 …… 147
- 加强资源的再次利用 …… 154
- 倡导绿色文明 …… 160
- 提倡绿色消费 …… 164
- 绿色科技的兴起 …… 169
- 生态农业的发展 …… 174
- 实施生态恢复 …… 179
- 改变环境承载能力 …… 182

大气污染：日益严峻

城市的出现和工业的发展，大幅度地提高了生产力，增强了人类利用和改造环境的能力，丰富了人类的物质生活，但也带来了新的环境问题。特别是工业革命以后，煤和石油等能源的大量使用，以大气污染为主的生态问题不断发生。

大气污染物通过各种形式的酸沉降导致土壤酸化，污水灌溉造成土壤污染物增加，生活垃圾、各种废渣的堆放和淋溶，使土壤污染也日益加剧。进入大气中的污染物，通过各种途径，可能被植物吸收，再通过食物链传递浓缩，并最终进入人体，危害人类健康。

比利时马斯河谷事件，伦敦烟雾事件，洛杉矶光化学烟雾事件，一件件耸人听闻的公害事件让我们不得不直面大气污染问题。

煤烟型烟雾公害事件

比利时马斯河谷事件

马斯河谷工作区在比利时境内沿马斯河 24 千米长的一段河谷地带，即马斯峡谷的列日镇和于伊镇之间，两侧山高约 90 米。许多重型工厂分布在河谷上，包括炼焦、炼钢、电力、玻璃、炼锌、硫酸、化肥等工厂，还有石灰窑炉。

1930年12月1日至5日，时值隆冬，大雾笼罩了整个比利时大地。比利时列日市西部马斯河谷工业区上空的雾此时特别浓。由于该工业区位于狭长的河谷地带，气温发生了逆转，大雾像一层厚厚的棉被覆盖在整个工业区的上空，致使工厂排出的有害气体和煤烟粉尘在地面上大量积累，无法扩散，二氧化硫的浓度也高得惊人。

3日这一天雾最大，加上工业区内人烟稠密，整个河谷地区的居民有几千人生起病来。病人的症状表现为胸痛、咳嗽、呼吸困难等。一星期内，有60多人死亡，其中以原先患有心脏病和肺病的人死亡率最高。

马斯河谷事件

尸体解剖结果证实：刺激性化学物质损害呼吸道内壁是致死的原因。其他组织与器官没有毒物效应。

与此同时，许多家畜也患了类似病症，死亡的也不少。据推测，事件发生期间，大气中的二氧化硫浓度竟高达25毫克~100毫克/立方米，空气中还含有有害的氟化物。专家们在事后进行分析认为，此次污染事件，几种有害气体与煤烟、粉尘同时对人体产生了毒害。

事件发生以后，虽然有关部门立即进行了调查，但一时不能确证致害物质。有人认为是氟化物，有人认为是硫的氧化物，其说不一。以后，又对当地排入大气的各种气体和烟雾进行了研究分析，排除了氟化物致毒的可能性，认为硫的氧化物——二氧化硫气体和三氧化硫烟雾的混合物是主要的致害物质。

据推测，事件发生时工厂排出有害气体在近地表层积累。据费克特博士在1931年对这一事件所写的报告，推测大气中二氧化硫的浓度约为25毫克~100毫克/立方米（9微克~37微克）。空气中存在的氧化氮和金属氧化物微粒等污染物会加速二氧化硫向三氧化硫转化，加剧对人体的刺激作用。而且一般认为是具有生理惰性的烟雾，通过把刺激性气体带进肺部深处，也起了一定的致病作用。

在马斯河谷烟雾事件中，地形和气候扮演了重要角色。从地形上看，该地区是一狭窄的盆地；气候反常出现的持续逆温和大雾，使得工业排放的污染物在河谷地区的大气中积累到有毒级的浓度。该地区过去有过类似的气候反常变化，但为时都很短，后果不严重。如1911年的发病情况和这次相似，但没有造成死亡。

值得注意的是，马斯河谷事件发生后的第二年即有人指出："如果这一现象在伦敦发生，伦敦公务局可能要对3200人的突然死亡负责"。这话不幸言中。22年后，伦敦果然发生了4000人死亡的严重烟雾事件。这也说明造成以后各次烟雾事件的某些因素是具有共同性的。

这次事件曾轰动一时，虽然日后类似这样的烟雾污染事件在世界很多地方都发生过，但马斯河谷烟雾事件却是20世纪最早记录下的大气污染惨案。

伦敦烟雾事件日

1952年12月5日－8日，一场灾难降临了英国伦敦。地处泰晤士河河谷地带的伦敦城市上空处于高压中心，一连几日无风，风速表读数为零。

大雾笼罩着伦敦城，又值城市冬季大量燃煤，排放的煤烟粉尘在无风状态下蓄积不散，烟和湿气积聚在大气层中，致使城市上空连续四五天烟雾弥漫，能见度极低。在这种气候条件下，飞机被迫取消航班，汽车即便白天行驶也须打开车灯，行人走路都极为困难，只能沿着人行道摸索前行。

由于大气中的污染物不断积蓄，不能扩散，许多人都感到呼吸

伦敦烟雾事件

困难，眼睛刺痛，流泪不止。伦敦医院由于呼吸道疾病患者剧增而一时爆满，伦敦城内到处都可以听到咳嗽声。仅仅4天时间，死亡人数达4000多人。就连当时举办的一场盛大的得奖牛展览中的350头牛也惨遭劫难。一头牛当场死亡，52头严重中毒，其中14头奄奄待毙。2个月后，又有8000多人陆续丧生。这就是骇人听闻的"伦敦烟雾事件"。

酿成伦敦烟雾事件主要的凶手有两个，冬季取暖燃煤和工业排放的烟雾是元凶，逆温层现象是帮凶。伦敦工业燃料及居民冬季取暖使用煤炭，煤炭在燃烧时，会生成水、二氧化碳、一氧化碳、二氧化硫、二氧化氮和碳氢化合物等物质。

这些物质排放到大气中后，会附着在飘尘上，凝聚在雾气上，进入人的呼吸系统后会诱发支气管炎、肺炎、心脏病。当时持续几天的"逆温"现象，加上不断排放的烟雾，使伦敦上空大气中烟尘浓度比平时高10倍，二氧化硫的浓度是以往的6倍，整个伦敦城犹如一个令人窒息的毒气室。

可悲的是，烟雾事件在伦敦出现并不是独此一次，相隔10年后又发生了一次类似的烟雾事件，造成1200人的非正常死亡。直到20世纪70年代后，伦敦市内改用煤气和电力，并把火电站迁出城外，使城市大气污染程度降低了80%，骇人的烟雾事件才没在伦敦再度发生。

美国多诺拉小镇事件

多诺拉是美国宾夕法尼亚州的一个小镇，位于匹兹堡市南边30千米处，有居民1.4万多人。多诺拉镇坐落在一个马蹄形河湾内侧，两边高约120米的山丘把小镇夹在山谷中。多诺拉镇是硫酸厂、钢铁厂、炼锌厂的集中地，多年来，这些工厂的烟囱不断地向空中喷烟吐雾，以致多诺拉镇的居民们对空气中的怪味都习以为常了。

1948年10月26日-31日，持续的雾天使多诺拉镇看上去格外昏暗。气候潮湿寒冷，天空阴云密布，一丝风都没有，空气失去了上下的垂直移动，出现逆温现象。在这种死风状态下，工厂的烟囱却没有停止排放，就像要冲破凝住了的大气层一样，不停地喷吐着烟雾。

两天过去了，天气没有变化，只是大气中的烟雾越来越厚重，工厂排出的大量烟雾被封闭在山谷中。空气中散发着刺鼻的二氧化硫气味，令人作呕。空气能见度极低，除了烟囱之外，工厂都消失在烟雾中。

大气污染：日益严峻

烟雾笼罩的多诺拉小镇

随之而来的是小镇中6000人突然发病，症状为眼病、咽喉痛、流鼻涕、咳嗽、头痛、四肢乏倦、胸闷、呕吐、腹泻等，其中有20人很快死亡。死者年龄多在65岁以上，大都原来就患有心脏病或呼吸系统疾病，情况和当年的马斯河谷事件相似。

这次的烟雾事件发生的主要原因，是由于小镇上的工厂排放的含有二氧化硫等有毒有害物质的气体及金属微粒在气候反常的情况下聚集在山谷中积存不散，这些毒害物质附着在悬浮颗粒物上，严重污染了大气。人们在短时间内大量吸入这些有毒害的气体，引起各种症状，以致暴病成灾。

多诺拉烟雾事件和1930年12月的比利时马斯河谷烟雾事件，及多次发生的伦敦烟雾事件、1959年墨西哥的波萨里卡事件一样，都是由于工业排放烟雾造成的大气污染公害事件。

大气中的污染物主要来自煤、石油等燃料的燃烧，以及汽车等交通工具在行驶中排放的有害物质。全世界每年排入大气的有害气体总量为5.6亿吨，其中一氧化碳2.7亿吨，二氧化碳1.46亿吨，碳氢化合物0.88亿吨，二氧化氮0.53亿吨。

美国每年因大气污染死亡人数达5.3万多人，其中仅纽约市就有1万多人。大气污染能引起各种呼吸系统疾病，由于城市燃煤煤烟的排放，城市居民肺部煤粉尘沉积程度比农村居民严重得多。

逆温层

　　逆温层，即平流层，亦称同温层，由于太阳短波辐射从地面反射到空气的加热是越接近地面越显著的，因此随高度增加，气温亦越来越低。一种和此情况相反的，温度随高度增加，称为逆温现象；受逆温现象影响的一段垂直厚度大气则称之为逆温层。

　　逆温层的出现主要是空气下沉，绝热增温所引起。因此，受高压脊（如副热带高压脊、大陆性反气旋南下）或热带气旋外围下沉气流区支配下，都有机会出现逆温层。逆温层通常出现于对流层低层，厚度较薄，大约几百至壹千千米左右。

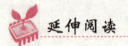

煤是怎样形成的

　　煤炭是古代植物埋藏在地下经历了复杂的生物化学和物理化学变化逐渐形成的固体可燃性矿物，被人们誉为黑色的金子，工业的食粮，它是18世纪以来人类世界使用的主要能源之一。根据成煤的原始物质和条件不同，自然界的煤可分为三大类，即腐植煤、残植煤和腐泥煤。

　　在地表常温、常压下，由堆积在停滞水体中的植物遗体经泥炭化作用或腐泥化作用，转变成泥炭或腐泥；泥炭或腐泥被埋藏后，由于盆地基底下降而沉至地下深部，经成岩作用而转变成褐煤；当温度和压力逐渐增高，再经变质作用转变成烟煤至无烟煤。

　　泥炭化作用是指高等植物遗体在沼泽中堆积经生物化学变化转变成泥炭的过程。腐泥化作用是指低等生物遗体在沼泽中经生物化学变化转变成腐泥的过程。

　　腐泥是一种富含水和沥青质的淤泥状物质。冰川过程可能有助于成煤植物遗体汇集和保存。

在整个地质年代中,全球范围内有三个大的成煤期:

(1) 古生代的石炭纪和二叠纪,成煤植物主要是孢子植物。主要煤种为烟煤和无烟煤。

(2) 中生代的侏罗纪和白垩纪,成煤植物主要是裸子植物。主要煤种为褐煤和烟煤。

(3) 新生代的第三纪,成煤植物主要是被子植物。主要煤种为褐煤,其次为泥炭,也有部分年轻烟煤。

一座煤矿的煤层厚薄与这地区的地壳下降速度及植物遗骸堆积的多少有关。地壳下降的速度快,植物遗骸堆积得厚,这座煤矿的煤层就厚,反之,地壳下降的速度缓慢,植物遗骸堆积得薄,这座煤矿的煤层就薄。

洛杉矶的光化学烟雾

洛杉矶,是美国西部太平洋沿岸的一个海滨城市,前面临海,背后靠山。原先风光优美,常年阳光明媚,一年只有几天下雨,气候温和。美国电影中心——好莱坞就设在它的西北郊区。洛杉矶南郊约100千米处的圣克利门蒂是美国西部白宫。

但是,自从1936年在洛杉矶开发石油以来,特别是二次世界大战后,洛杉矶的飞机制造和军事工业迅速发展,洛杉矶已成为美国西部地区的重要海港,工商业的发达程度仅次于纽约和芝加哥,是美国的第三大城市。

随着工业发展和人口剧增,洛杉矶在20世纪40年代初就有汽车250万辆,每天消耗汽油1600万升。到20世纪70年代,汽车增加到400多万辆。市内高速公路纵横交错,占全市面积的30%,每条公路通行的汽车每天达16.8万次。

由于汽车漏油、汽油挥发、不完全燃烧和汽车排气,每天

光化学烟雾

向城市上空排放大量石油烃废气、一氧化碳、氧化氮和铅烟（当时所用汽车为含四乙基铅的汽油）。这些排放物，在阳光的作用下，特别是在 5 月份至 10 月份的夏季和早秋季节的强烈阳光作用下，发生光化学反应，生成淡蓝色光化学烟雾。这种烟雾中含有臭氧、氧化氮、乙醛和其他氧化剂，滞留市区久久不散。

从地形来说，洛杉矶地处太平洋沿岸的一个口袋形地带之中，只有西面临海，其他三面环山，形成一个直径约 50 千米的盆地，空气在水平方向流动缓慢。虽然在海上有相当强劲的通常都是从西北方吹来的地面风，但此风并不穿过海岸线。在海岸附近和沿着近乎是东西走向的海岸线上吹的是西风或西南风，而且风力弱小。这些风将城市上空的空气推向山岳封锁线。

还有另一个因素促使逆温层的形成。沿着加利福尼亚州海岸向南方和东方流动的是一股大洋流，名叫加利福尼亚潮流。在春季和初夏，这股海水较冷。来自太平洋上空的比较温暖的空气，越过海岸向洛杉矶地区移动，经过这一寒冷水面上空后变冷。

这就出现了接近地面的空气变冷，同时高空的空气由于下沉运动而变暖的态势，于是便形成了洛杉矶上空强大的持久性的逆温层。每年约有 300 天从西海岸到夏威夷群岛的北太平洋上空出现逆温层，它们犹如帽子封盖了地面的空气，并使大气污染物不能上升到越过山脉的高度。

洛杉矶的光化学烟雾在这种特殊的气象条件下，扩散不开，停止在市内，毒化空气形成污染。在一天里，由上午 9 点～10 点钟开始形成烟雾，一氧化氮浓度增加，便积蓄臭氧。到下午 2 点左右，臭氧浓度达到高峰，氧化氮浓度减少。然后随太阳西下，烟雾也逐渐消失，这些现象是光化学烟雾在环境中的典型特点。

1943 年以来，每年 5 月至 10 月期间经常出现烟雾几天不散的严重污染。前后经

洛杉矶

大气污染：日益严峻

过七八年，到20世纪50年代，人们才发现洛杉矶烟雾是由汽车排放物造成的。1955年9月，由于光化学污染加重，在两天里，65岁以上的老人死亡400余人，为平时的三倍多。许多人眼睛痛、头痛、呼吸困难。

从20世纪50年代开始，洛杉矶当地政府每天向居民发出光化学烟雾预报和警报。光化学烟雾中的氧化剂以臭氧为主，所以常以臭氧浓度高低作为警报的依据。1955年~1970年，洛杉矶曾发出臭氧浓度的一级警报80次，每年平均5次，其中1970年高达9次。1979年9月17日，洛杉矶大气保护局发出了"烟雾紧急通告第二号"。洛杉矶已经失去了它美丽舒适的环境，有了"美国的烟雾城"称号。

洛杉矶烟雾，主要是刺激眼、喉、鼻，引起眼病、喉头炎及不同程度的头痛。在严重情况下，也会造成死亡事件。烟雾还能造成家畜患病，妨碍农作物及植物的生长，使橡胶制品老化，材料和建筑物受腐蚀而损坏。光化学烟雾还使大气浑浊，降低大气能见度，影响汽车、飞机安全运行，造成车祸、飞机坠落事件增多。

对于洛杉矶烟雾产生的原因，并不是很快就搞清楚的。开始认为是空气中二氧化硫导致洛杉矶的居民患病。但在减少各工业部门（包括石油精炼）的二氧化硫排放量后，并未收到预期的效果。后来发现，石油挥发物（碳氢化合物）同二氧化氮或空气中的其他成份一起，在阳光（紫外线）作用下，会产生一种有刺激性的有机化合物，这就是洛杉矶烟雾。

但是，由于没有弄清大气中碳氢化合物究竟从何而来，尽管当地烟雾控制部门立即采取措施，防止石油提炼厂储油罐石油挥发物的挥发，然而仍未获得预期效果。最后，经进一步探索，才认识到当时的250万辆各种型号的汽车，每天消耗1600万升汽

汽车是最大的空气污染源

油，由于汽车汽化器的汽化率低，使得每天有1000多吨碳氢化合物进入大气。这些碳氢化合物在阳光作用下，与空气中其他成分起化学作用而产生一种新型的刺激性强的光化学烟雾。这才真正搞清楚了产生洛杉矶烟雾的原因。

饱受光化学烟雾折磨的洛杉矶市民于1947年划定了一个空气污染控制区，专门研究污染物的性质和它们的来源，探讨如何才能改变现状。汽车仍在不断地增多，美国政府对此感到头痛，连尼克松总统都沮丧地说"汽车是最大的空气污染源"。

洋　流

洋流又称海流，海洋中除了由引潮力引起的潮汐运动外，海水沿一定途径的大规模流动。引起海流运动的因素可以是风，也可以是热盐效应造成的海水密度分布的不均匀性。前者表现为作用于海面的风应力，后者表现为海水中的水平压强梯度力。

洋流是地球表面热环境的主要调节者。洋流可以分为暖流和寒流。若洋流的水温比到达海区的水温高，则称为暖流；若洋流的水温比到达海区的水温低，则称为寒流。一般由低纬度流向高纬度的洋流为暖流，由高纬度流向低纬度的洋流为寒流。

洛杉矶历史简述

1769年8月2日，西班牙远征队为寻找开设教会地点来到这里，1781年在这里建镇，并把这里称为"天使女王圣母玛利亚的城镇"，后简称"天使之城"（西班牙语音译：洛斯安赫莱斯）。

1781年，洛杉矶成为西班牙殖民地。1818年，美国人首次到此。1821年，洛杉矶归属墨西哥。

1846年，美墨战争中墨西哥失败，后将加利福尼亚割让给美国，洛杉矶成为美国领土。

1848年，西部"淘金热"吸引来大批移民来到洛杉矶。

1850年，洛杉矶正式设市，同年加利福尼亚成为美国第31个州，而当时的洛杉矶人口仅有1600人。

19世纪末20世纪初，随着石油的发现，洛杉矶开始崛起，迅速发展成美国西部一个最大的城市。第二次世界大战后，现代工业的崛起，商业、金融业和旅游业繁荣，移民激增，城区不断向四周扩展，洛杉矶成为美国的特大城市。

到了20世纪20年代，电影业和航空工业都聚集在洛杉矶，促进了该市进一步的发展。

洛杉矶成功举办了1984年洛杉矶奥运会。在20世纪80年代中后期，洛杉矶是重金属音乐之都。尽管1992年的暴乱，1994年和2002年的地震带来了不小的损失，但洛杉矶承受住了考验。

现在的洛杉矶，已成为美国石油化工、海洋、航天工业和电子业的最大基地。近年来，洛杉矶的金融业和商业也迅速发展，数百家银行在洛杉矶设有办事处，包括许多著名的国际大财团，如洛克希德，诺思罗普，罗克韦尔等，洛杉矶已成为美国仅次于纽约的金融中心。

除拥有发达的工业和金融业，洛杉矶还是美国的文化娱乐中心。

大气圈及对人类活动的影响

大气圈就是指包围着整个地球的空气层。大气圈的边界很难确定，但从流星和北极光的最高发光点推算，在离地球表面800千米的高空还有少量空气存在。一般来说，大气圈的厚度为1000千米。

大气圈的总质量估计为5.2×10^{15}吨，相当于地球质量（5.974×10^{21}吨）的百万分之一。大气质量在垂直方向的分布是极不均匀的。由于受地心引力的作用，大气的质量主要集中在下部，其中50%集中在离地面5千米以下；75%集中在10千米以下，90%集中在30千米以下。

按照分子组成，大气可分为2个大的层次：均质层和非均质层（或同质层和异质层）。

均质层为从地表至90千米左右高度的大气层，其密度随着高度的增加而减小。除水汽有较大变动外，它们的组成是稳定均一的。这是由于大气低层的风和湍流连续运动的结果。

均质层上面是非均质层，根据其成分又可分为4个层次：氮层（距地面90千米～200千米）、原子氧层（200千米～1100千米）、氦层（1100千米～3200千米）、氢层（3200千米～9600千米）。在这4个层次之间，都存在过渡带，没有明显的分界面。

按大气的化学和物理性质，大气圈也可分为光化层和离子层，两层大致以平流层顶为分界线。

大气圈垂直方向有各种各样的分层方法。目前世界各国普遍采用的分层方法是1962年世界气象组织执行委员会正式通过国际大地测量和地球物理联合会所建议的分层系统，即根据大气温度随高度垂直变化的特征，将大气分为对流层、平流层、中间层、热成层和逸散层。

对流层：大气圈的最低一层，其平均厚度约为12千米。对流层是大气中最活跃的一层，存在着强烈的垂直对流作用，同时也存在着较大的水平运动。

对流层里水气、尘埃较多，雨、雪、云、雾、雹、霜、雷、电等主要的

云：对流层中的天气现象

天气现象与过程都发生在这一层里。此层大气对人类的影响最大，通常所指的大气污染就是对此层而言。尤其是在靠地面 1000 米～2000 米的范围内，受到地形、生物等影响，局部空气更是复杂多变。

对流层顶的实际高度随纬度位置和季节而变化。平均而言，对流层的高度从赤道向两极减小，在低纬度地区对流层高约 18 千米，中纬度地区为 11 千米，高纬度地区为 8 千米。

对流层相对于整个大气圈的总厚度来说是相当薄的，而它的质量却占整个大气总质量的 3/4 以上。

平流层：从对流层顶以上到 50 千米左右的高度叫平流层，也叫同温层。平流层的下部有一很明显的稳定层，温度不随高度变化或变化很小，近似等温。然后随高度增加而温度上升。这主要是由于地表辐射影响的减少和氧及臭氧对太阳辐射吸收加热，使大气温度随高度增加而上升。这种温度结构抑制了大气垂直运动的发展，大气只有水平方向的运动。

在平流层中水汽和尘埃含量很少，没有对流层中那种云、雨等天气现象。

在平流层之上，距地面大约 50 千米的地方温度达到了最高值，这就是平流层顶。

中间层：平流层顶以上到大约 80 千米的一层大气叫做中间层。在这一层中温度随高度增加而下降。在中间层顶，气温达到极低值，是大气中最冷的一层。

飞行在平流层里的飞机

在中间层内，大气又可发生垂直对流运动。该层水汽浓度很低，但由于对流运动的发展，在某些特定条件下仍能出现夜光云。在大约 60 千米的高度上，大气分子在白天开始电离。因此，在 60 千米～80 千米之间是均质层转向非均质层的过渡层。

热成层：在中间层顶之上的大气层称为热成层，也称作增温层或电离层。在热成层中大气温度随高度增加而急剧上升。到大约 100 千米，白天气温可达1250K～1750K。在热成层中由于太阳和其他星球辐射各种射线的作用，该层中大部分空气分子大都发生电离，成为原子、离子和自由电子，所以这一层也叫电离层。

在热成层中由于太阳辐射强度的变化，而使各种成分离解过程表现出不同的特征。因此大气的化学组成也随高度增加而有很大的变化。这就是非均质层的由来。

逸散层：在热成层之上的大气层称为逸散层，也称外大气层，是大气圈的最外层，大约在800千米以上。在外层，大气极为稀薄，地心引力微弱，大气质点之间很难相互碰撞。有些运动速度较快的大气质点有可能完全摆脱地球引力而进入宇宙空间去。

火星表面

大气的主要成分是氮和氧，这种大气的化学组成在太阳系的九大行星中非常特殊。离地球最近的两颗行星——金星和火星的大气化学组成就与地球大气完全不同，其主要成分是二氧化碳，氧含量极少，几乎不存在。

地球大气的成分除主要气体氮和氧外，还有氩和二氧化碳，上述4种气体占大气圈总体积的99.99%。此外还有氖，氦、氪、氙、氢、甲烷、一氧化二氮、一氧化碳、臭氧、水气、二氧化硫、硫化氢、氨、气溶胶等微量气体。

在组成地球大气的多种气体中，包括稳定组分和可变的不稳定组分。氮、氧、氩、氖、氦、甲烷、氢、氙等是大气中的稳定组分，这一组分的比例，从地球表面至90千米的高度范围内都是稳定的。二氧化碳、二氧化硫、硫化氢、臭氧、水气等是地球大气中的不稳定组分。

除了气体之外，大气中还含有许多粒子，包括气悬粒子以及云中的液滴与冰晶。气悬粒子的来源相当多，可分为空中源和地面源两大类。地面源包括浪沫破碎而形成的海盐粒子、被风所卷起的尘埃、花粉、孢子等等；空中源则是由化学反应所产生的硫酸、硝酸以及可溶性高的氨等气体与水气共同凝结而形成。气悬粒子数量浓度的时空变化相当大,在高污染的都市地区每立方厘米(比一个方糖还小的体积)可含有数十万个,广阔的海洋上每立方厘米也有数百个。不过在大多数的情况下,气悬粒子浓度会随高度而减少。

地球大气圈的形成与演化,经历了漫长的地质时期。现在大气圈的面貌是地球各圈层(主要是生物圈)塑造的。生物圈各组分与大气之间保持着十分密切的物质与能量的交换,它们从大气中摄取某些必需的成分,经过光合作用、呼吸作用和其残体的好气或厌气分解作用,又把一些气体释放到大气中去,使大气的组分保持着

光合作用示意图

平衡。如果大气组分的这种平衡一旦遭到破坏,就会对许多生物甚至会对整个生物圈造成灾难性的生态后果。

就以大气组分中的二氧化碳而论,尽管它在大气圈中只占0.03%,但对地球上的生物却很重要。据估算,生物圈每年由大气吸收的二氧化碳约为480×10^9吨,而向大气排放的二氧化碳也差不多是这一数值。19世纪工业革命以前,大气中二氧化碳的浓度一直保持在0.028%。工业革命后,随着人口增加和工业发展,人类活动已经开始打破了二氧化碳的自然平衡。植被(尤其是森林)的破坏和大量化石燃料及生物体的燃烧使生物圈向大气排放的二氧化碳量超过了它从大气中吸收的二氧化碳量,使大气二氧化碳浓度逐年上升,目前已经达到0.035%左右。由于二氧化碳具有吸收长波辐射的特性,而使地球表面温度升高,并因此导致一系列连锁反应,其中对人类影响较大的是温度上升会使极地冰帽融化,海平面上升,世界上许多地区将被淹没在海水之下。

相反,如果二氧化碳含量减少,则会引起气温下降,这种温度下降的幅度即使很小,也会带来很大的影响。因为温度下降会使作物生长期缩短,而

导致产量减少。

对于含量极少的甲烷也是如此,其浓度目前为1.4ppm(意为百万分之一,现在通常用其法定计量单位"毫克/千克"来表示),只要略有增高,在现有氧的浓度下就会因闪电而燃烧。而更重要的是,甲烷的"温室效应"比二氧化碳效果强300多倍。对全球变暖起着重要作用。

对于生命活动至关重要的氧更是如此。大气中氧浓度的降低或增高都会影响许多重要的生命过程和产生一些意想不到的恶果,氧浓度的大小决定了生物的演化过程。30亿年前,地球大气中氧的浓度只有现在浓度的1‰,生命只可能出现在水下10米深处。大约距今6亿年时,地球大气中氧的浓度达到了现在浓度的1/100,生物开始出现在水面上,这是生物发展史上的第一个关键浓度。到了大约4亿年以前,大气中氧的浓度达到了现在浓度的1/10,生物从海洋登上了陆地,这是生物发展史上的第二个关键浓度。此后,地球大气中氧的浓度尽管也出现过小幅度的波动(比现在浓度高),但一直保持在一定的水平上,即复氧与耗氧之间达到了某种平衡。

森林火灾

另外,大气中氧含量如果由现在的21%增高至25%,则雷电就能把嫩枝与草地点燃,造成连绵不断的火灾,使全球植被化为乌有。当然,这只是一种假想的情况,因为发生森林火灾的同时也消耗了大气中的氧,这里还存在一些负反馈机制问题。

诚然,大气圈以其巨大的体积与质量,更由于存在着反馈机制,要想改变其组成的1%、1‰并非易事。然而,人类以其巨大的数量和今日高度发展的科学技术,对大气圈发生着一定的影响。

夜光云

　　夜光云是一种形成于中间层的云，距地面的高度一般在 80km 左右。这种罕见的云只有在高纬度地区的夏季才能看见。夜光云看起来有点像卷云，但比它薄得多，而且颜色为银白色或蓝色，出现在落日后太阳与地平线夹角在 6 度 – 15 度之间的时候。这是非常自然的，因为时候太早会因为其太薄而看不见，而太迟了它也会落到地球的阴影之中去。

地球大气的演化

　　由于太空科技的进步，人类已经可以对金星、地球、火星这三个相邻星球的特性进行深入分析与比较。目前为止的发现是：这几个行星具有非常不同的大气成分和气候状况。地球大气的成分相信大家都很清楚，主要是氮与氧，其他气体则占不到1%。金星的大小和密度都跟地球相差不多，但大气的主要成分却是二氧化碳，还有一些氮与微量的水。火星这个大家怀疑有生命迹象的星球，大气成分和金星一样以二氧化碳为主，仅含有微量的氮，极少的氧和水。地球的大气为何如此特殊？

　　许多专家认为，大气的主要组成部分是来自于行星形成时所收并于内部的易挥发性物质（如水分子以及含碳、氯、硫、氮的分子），而这些物质的化学成分便与行星的温度有关。例如，较靠近太阳的行星，因为温度太高，便不太可能拥有含有结晶水的矿物。如此，金星上的矿物不会含有太多的水分，地球的矿物则含有较多的水，而火星矿物的水含量就应更高。单从温度与矿物组成的角度来考虑，地球与金星原先应该都拥有相近的二氧化碳、硫及氯含量，火星则会比地球含有更丰富的硫与氯，但二氧化碳较少。

　　行星一旦形成之后，内部的易挥发性物质会借着火山活动而被排挤出来

（称为释气作用），形成原始的大气。金星由于表面温度较高，可能比地球释出更多的气体。又因为金星内部含有极少的水，所以释出的大多是二氧化碳与二氧化硫。而在火星这个较冷的星球上，释气作用较弱，因此大气中的水及二氧化碳含量显然自始就不很充分。同时，由于火星的重力较低，不易吸引住气体分子，因此它的大气就远比金星或地球的大气稀薄。

大气被污染的原因

大气是人类和一切生物赖以生存的必需条件。大气质量的优劣，对人体健康和整个生态系统都有着直接的影响。自从人类诞生以来，人们就通过各种生产和生活活动影响和改变着大气环境，使其质量恶化，甚至造成严重的大气污染事件。

什么是大气污染呢？

大气污染是指人类的生产、生活活动，向大气中排放的各种有毒有害物质，超过了环境所能允许的极限，使大气质量恶化，对人类、生物和物品产生不良影响。大气污染在几十年前就已引起了人们的极大关注，研究和控制大气污染已成为当前十分迫切的环境和生态问题。

和我们的生产、生活密切相关的大气是怎么被污染的呢？

大气污染物的来源包括天然源和人为源两大类。像火山爆发、森林火灾、沙尘暴等释放的灰尘和有毒、有害气体，也能引起大气污染，这种污染源称为天然源。当今人类所面临的大气污染主要是人为活动造成的，称为人为源。归纳起来，人为污染源可以分为三类，即工业污染（工业企业排气）、生活污染（家庭炉灶及取暖设备排气）、交通污染（汽车、飞机、轮船等交通工具

家庭炉灶也能造成大气污染

排气等）。

　　工业是大气的主要污染源，排放量大而且较集中，排放物质组成复杂，主要包括燃料燃烧排放的废物和生产过程中排放的废气，以及各类矿物和金属粉尘等。其中以煤、石油和天然气燃烧过程排放出来的烟尘、二氧化硫、氮氧化物、碳氧化物、氟化物以及各种有机化合物气体为主。

　　目前，天然气等清洁能源已经进入了很多中国家庭，但是我国农村家庭中仍以煤为主要染料，炉灶数量多，分布面广，排烟高度低，烟气弥散在低空，扩散很慢，污染严重，是不可忽视的大气污染源。

　　交通污染包括汽车、火车、飞机、轮船等现代化交通工具和各种农机具。污染的原因主要是汽油、柴油等燃料燃烧排出的尾气。

　　工业污染、生活污染和交通污染所排放出来的污染物是不同的。大气污染物种类很多，对人类危害大并已被人们注意的就有100多种，其中对环境威胁较大的主要有颗粒物质、二氧化硫、氮氧化物、一氧化碳、碳氢化合物、硫化氢、氟化物及光化学氧化剂等。

　　颗粒物质（包括液体气溶胶）一般指粒径为0.1微米～200微米的固体或液体颗粒。固体颗粒物根据其粒径大小可分为降尘和飘尘两类。粒径大于10微米的称为降尘，它可在重力作用下很快在污染源附近沉降下来；粒径小于10微米的细小颗粒，可以长时间飘浮于大气中，称作飘尘，具有很大的危害性。

　　硫氧化物则主要指二氧化硫和三氧化硫。二氧化硫主要是来自于燃烧含硫煤和石油产品，以及石油炼制、有色金属冶炼、硫酸化工等生产过程。生物活动产生的硫化氢氧化后也能产生部分二氧化硫。

　　据统计，全世界每年排放到大气中的二氧化硫有1.46亿吨，其中70%来源于煤的燃烧，16%来源于重油燃烧，其余部分来自矿石冶炼和硫酸制备等。硫氧化物的排放量以火电厂最大，约占总排放量的一半左右。

　　二氧化硫在干燥洁净的空气中比较稳定，在潮湿的空气中易被氧化成三氧化硫，再与雨、雪、雾、露等水汽结合生成毒性更大的硫酸烟雾，或形成酸雨和其他形式的酸沉降，从而对环境造成严重的危害。

　　大气中的氮氧化物包括NO、NO_2、N_2O、N_2O_3、N_2O_5等。人为活动排放到大气中的主要是NO和NO_2。它们的来源主要有五个方面：

　　（1）含氮有机化合物燃烧产生氮氧化物；

（2）高温燃烧（1100℃以上）时，空气中的氮被氧化成一氧化氮，燃烧温度越高、氧气越充足、生成的一氧化氮越多；

（3）各种交通运输工具排放的尾气中含有氮氧化物；

（4）火力发电、硝酸、氮肥、炸药等工业生产过程都有大量氮氧化物排出。

火力发电

（5）土壤中氮素营养的反硝化作用产生一定的氮氧化物。

氧化物进入大气后被水汽吸收，可形成气溶胶态硝酸、亚硝酸雾，或硝酸、亚硝酸盐类，是形成酸雨的原因之一。此外，氮氧化物又是形成光化学氧化剂次生污染的重要原因。

大气中的碳氧化合物主要包括一氧化碳和二氧化碳两种。二氧化碳是大气的正常组分，虽然没有直接危害，但目前全球大气二氧化碳浓度上升，形成温室效应，导致全球气候变暖，可能产生非常严重的后果。

一氧化碳就是通常所说的"煤气"，产生于含碳物质的不完全燃烧。主要来源于燃料的燃烧和加工以及交通工具的排气。据估算，全世界每年排放到大气中的一氧化碳为2.2亿吨左右，其中80%是汽车排出的。空气中一氧化碳浓度达 0.001% 时就会使人中毒，达 1% 时在两分钟内即可致人死亡。

碳氢化合物包括烷烃、烯烃和芳香烃等复杂多样的有机化合物。大气中的碳氢化合物主要来自汽车尾气、有机化合物的蒸发、石油裂解炼制、燃料缺氧燃烧及化工生产。其次是自然界有机物质的厌氧分解等生物活动产生的。碳氢化合物对人体健康尚未产生直接影响，但它是形成光化学烟雾的主要成分。碳氢化合物中的多环芳烃具有明显的致癌作用，已引起人们的极大关注。

排放到大气中的氟化物有氟化氢、氟化硅、氟硅酸及氟化钙颗粒物等。氟化物主要来自电解铝、磷肥、陶瓷、砖瓦及钢铁等生产过程。大气中的氟化物污染以氟化氢为主，它是一种累积性中毒的大气污染物，可通过植物吸收累积进入食物链，在人和动物体内蓄积达到中毒浓度，从而使人畜受害。

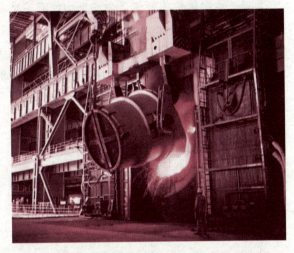

钢铁生产是氟化物来源之一

光化学氧化剂又叫光化学烟雾，是氮氧化物和碳氢化合物等一次污染物在紫外线的照射下发生各种光化学反应而生成的以臭氧为主，醛、酮、酸、过氧乙酰硝酸酯等一系列二次污染物与一次污染物的特殊混合物。它是一种浅蓝色烟雾，具有特殊气味，能刺激人的眼睛和喉咙，使之流泪、头痛、呕吐等。

光化学烟雾多出现在汽车密集地区，在夏秋季副热带高压控制下，当太阳辐射强、温度高的中午前后，容易发生光化学反应。光化学烟雾毒性大，氧化性强，对人体健康、动植物生长的危害较大。

除了上述主要大气污染物外，较为常见的污染物还有硫化氢、氯化氢、氨、氯气等。其次，还有一些有机化合物气体如苯、酚、酮、醛、苯并（a）芘、过氧硝基酰、芳香胺、氯化烃等。这些污染物一般具有恶臭气味，对人体感官有刺激作用，有些有致癌、致畸和致突变作用。

有机化合物

有机化合物主要由氧元素、氢元素、碳元素组成。有机物是生命产生的物质基础。脂肪、氨基酸、蛋白质、糖、血红素、叶绿素、酶、激素等。生物体内的新陈代谢和生物的遗传现象，都涉及到有机化合物的转变。

此外，许多与人类生活有密切关系的物质，例如石油、天然气、棉花、染料、化纤、天然合成药物等，均属有机化合物。

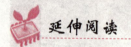

含铅汽油与无铅汽油

1. 含铅车用汽油

为提高车用汽油的辛烷值，改善车用汽油的抗爆性能，过去，人们采取了很多办法，如改变汽油组分，加添加剂等。1921年人们发现了一种添加剂，叫四乙基铅。我们所说的含铅汽油就是在车用汽油中加入一定量的四乙基铅。

在车用汽油中加入一定量的四乙基铅，对提高车用汽油的辛烷值，改善车用汽油的抗爆性，能起到一定作用。但使用含铅汽油的汽车会排放铅化合物等有害气体，污染环境，直接危害人体健康，如损害人的神经、造血、生殖系统等。所以，目前这种方法已被废止。

2. 无铅汽油

目前，无铅汽油的含义是指含铅量在0.013g/L以下的汽油，用其他方法提高车用汽油的辛烷值，如加入MTBE等。使用无铅车用汽油能够减少汽车尾气排放中的铅化合物，减少污染，对保护环境起到一定的积极作用。

美国早在1988年就实现了车用汽油的无铅化。在我国，1997年6月1日，北京城八区实现了车用汽油的无铅化。2000年1月1日，全国停止生产含铅汽油，7月1日停止使用含铅汽油，全国实现了车用汽油的无铅化。

空气污染与人体健康

空气污染究竟有些什么危害,这是人们最关心的问题。总体来说,空气污染会损害人体的健康,危机畜禽及植物的正常生长,进而破坏生态平衡,引起气候变化,还可能腐蚀种种物品,甚至妨碍工业发展。

人一刻也离不开空气。在通常情况下,一个人每昼夜要呼吸两万多次,进出人体的空气总量达到12立方米。在人体跟周围自然界进行的各式各样的物质交换中,没有任何别的东西的数量能与空气相比。不难想象,当吸入的空气不洁净,含有有毒、有害的污染物,人的健康就会受到损害。据报道,美国每年因大气污染额外死亡5.3万多人。

空气污染物首先进入的是人的呼吸器官组织,然后进入血液抵达心脏,因而污染物的危害作用也就主要在这些部位表现出来,造成或加重哮喘、支气管炎、心脏病等病症。

除此之外,大气污染物也可通过饮水和食物进入消化道,通过接触人体皮肤由循环系统进入人体。污染物进入人体后,其危害主要表现为:

大气污染

(1) 急性中毒。污染物浓度高,且在大气中停留时间长,容易使部分居民产生急性中毒,"公害事件"中的马斯河谷烟雾事件、多诺拉烟雾事件、伦敦烟雾事件、洛杉矶光化学烟雾事件,均是大气污染急性中毒的表现。

(2) 慢性中毒。大气污染物低浓度长时期的连续作用,也能使居民产生慢性中毒。例如,低浓度的一氧化碳,使人体血红蛋白输氧受阻,容易产生贫血症状,并导致心血管疾病的增加;低浓度的二氧化硫,刺激呼吸道,使

呼吸道管腔缩小，黏膜增厚，气管炎和肺气肿发病率增高。

（3）致癌作用。大气中的许多污染物，如多环芳香烃类、铅、砷等，均有致癌作用。某些污染物（如二氧化硫）虽不直接致癌，但能使人体免疫能力降低，具有促进癌变的作用。

不过，是否仅仅像灾害事件中那样的高浓度污染才有害人体，而常见的轻度空气污染于人体就完全无害呢？许多学者的研究结果表明，事实并不是这样。即使空气污染物浓度较低，对人体健康的损害依然是存在的，只是往往不易及时查觉和警惕罢了。例如早些时候，英国对二十几个城市的煤烟浓度和肺癌死亡率做过一次统计，发现二者是成正比关系的。

大气污染物中对人体损害最大的要数一氧化碳。一氧化碳是一种无色无味无刺激性的气体，对人体危害甚大，因为它与血液中输送氧气的红血球有很强的亲和性，比氧与红血球的亲和力高出二百倍以上。因此当一氧化碳污染物进入人体肺部时，抢先与血液中的红血球结合，氧就比较难于溶进血液。时间稍长，便会招致机体缺氧，程度不等地出现各种症状。

根据试验观测，空气中一氧化碳含量为万分之一时，人体无明显反应；含量增至万分之四即有头疼、恶心、晕眩等感觉；达千分之一时，就会引起痉挛、昏睡等症状；时间稍长，可致死亡。我国北方地区冬季时有煤气中毒事件发生，实际上是一氧化碳中毒，多为夜间煤炉封火后产生大量一氧化碳所致。

血红蛋白

血红蛋白是高等生物体内负责运载氧的一种蛋白质。也是红细胞中唯一一种非膜蛋白。每一血红蛋白分子由一分子的珠蛋白和四分子亚铁血红素组成，珠蛋白约占96%，血红素占4%。

血红蛋白的结构对其运氧功能有重要意义。它能从肺携带氧经由动脉血运送给组织，又能携带组织代谢所产生的二氧化碳经静脉血送到肺再排出体外。

延伸阅读

我国废气排放现状

目前我国向大气中排放的各种废气数量很大，远远超过大气的承载能力。2003年，全国废气中二氧化硫排放总量2158.7万吨，其中工业来源的排放量1791.4万吨，生活来源的367.3万吨。烟尘排放总量1048.7万吨，其中工业烟尘排放量846.2万吨，生活烟尘排放量202.5万吨。二氧化硫和烟尘的排放量比上年增加8%~15%左右；工业粉尘排放总量1021万吨，比上年增加12%左右；工业固体废弃物排放量为1941万吨，比上年增加10%左右。其中，二氧化硫排放量超出环境容量近1倍。

我国每新增一单位GDP，所排放的二氧化碳为日本的近两倍。根据环保总局发布的《2003年中国环境状况公报》，全国城市空气质量达到国家空气质量二级标准的城市占41.7%，较上年度增加7.9个百分点，但城市空气污染依然严重。

空气污染对植物的影响

约二十年前，我国有一个天然气资源十分丰富的省份，在某地钻探出一片高产天然气田。这本是一件利国利民的好事，但是没过几年，附近地区的农民却忧心忡忡。

原来他们的一宝——油桐树竟纷纷遭受毒害。开始是树叶中毒，呈现褐斑，枯黄坠落。随后树株生长发育受到影响，桐籽产量急速下降，进而一棵棵油桐树相继死亡。短短几年时间，近处的油桐树一片一片地死光，稍远处没有死的树产籽量也明显下降。

起初人们弄不清是什么原因，后经科研人员深入实地调查，仔细分析研究，终于真相大白。原来油桐这种树对空气中的二氧化硫污染物十分敏感，抵抗力很弱，即使污染浓度只有千万分之几，也会明显受害。浓度高，时间长，受害就更严重。

当这片气田所产天然气含硫量较高，在气井放喷和废气排放过程中，对

油桐树

局部地区空气造成了较严重的二氧化硫污染。因而酿成了400多平方千米范围内油桐绝迹，300多平方千米油桐产籽量明显下降的后果。

植物之所以会受空气污染物的危害，是因为它也要呼吸空气才能存活。植物叶面有无数微小的气孔，这就是它的呼吸器官。在通常情况下，它吸收氧气，放出二氧化碳；在阳光照射条件下，它吸收二氧化碳，放出氧气，即进行光合作用。

正因为植物跟人和动物一样，要一刻不停地呼吸空气，污染物才能够乘隙而入，进入植物体内，造成危害。

二氧化硫是危害植物的空气污染物。根据观测，二氧化硫含量抵达千万分之三时，植物即使较长时间处于这种污染环境中，也不至于出现明显的中毒现象。但在二氧化硫浓度较高时，就会出现不同的中毒症状。一般情况下，二氧化硫被植物吸收时，有一部分被氧化成为硫酸盐类，可减轻对植物体的危害。

来不及被氧化的二氧化硫在植物体内逐渐积累，几天以后，叶面开始出现淡褐色斑痕，并逐渐扩大。植物如果受高浓度二氧化硫之害，中毒现象就更加急剧，叶面初呈褐色或铅黑色，一两昼夜后叶子边缘开始出现褐白色的烟斑。

事态严重时，烟斑迅速扩至叶的大部分以致整个叶面，叶片遂纷纷枯萎、掉落。叶面变色后即丧失进行光合作用的能力，植株养分的补充受到影响，这又进一步促使一些叶子枯萎。如此恶性循环的结果，常会加重污染对植物造成的损失。

二氧化硫对植物危害的轻重，还与空气温度、湿度、植物生长阶段等有关。气温高、湿度大，植株对二氧化硫吸收加速，中毒就加剧。作物在开花期间，因为被害组织无法再生，造成的后果会更严重。

空气污染物中的氟化物对植物也有一定危害。一些金属冶炼厂、化肥厂、化工厂、陶瓷窑等，在生产过程中都排放出各种不同的含氟污染物。植物叶面易于吸收气态氟化物，并使有害物质沉积在叶的边缘部分，常发生危害。

颗粒状氟化物若是可溶性的，植物不但能吸收并可引起中毒。不过在一般情况下，空气中氟化物的浓度较低，因而植物不至明显受害。只有在上述氟化物排放源的紧邻地段，植物才容易中毒受害。

光化学烟雾除对人体眼睛等有明显刺激外，还会危害植物生长。有意思的是，它并不造成人们看得

矮牵牛：二氧化硫污染指示植物

见的中毒症状，而是在不知不觉中延迟作物的生长发育，使其产量降低。可是，迄今为止，农作物受光化学烟雾危害的机理上不清楚。

空气污染物还从另一个侧面威胁生态系统的平衡，因为它有降低植物光合作用的能力。植物进行光合作用时吸收二氧化碳、放出氧气，正好跟动物吸收氧气、排出二氧化碳构成天然的生态平衡。

但当植物呼吸过程中吸入二氧化硫、二氧化氮、氟、氯等污染物时，植物就会中毒。植株中毒后，叶片变黄、枯萎、掉落，光合作用能力降低，就会直接威胁到天然植物的生态平衡。

近几十年来，煤、石油等矿物染料消费量急剧增加，向空中排放的二氧化碳越来越多，更是对上述生态过程最直接和最严重的影响。由此可见，大面积植树造林，尤其在人口密集的城市地区尽可能地增加绿地面积，对改善生态环境，维持良好的生态平衡，已是格外重要和刻不容缓。

知识点

油桐树

油桐，大戟科。落叶乔木，高3米－8米。是我国特有经济林木，它与油茶、核桃、乌桕并称我国四大木本油料植物。

桐油是重要工业用油，制造油漆和涂料，经济价值特高。桐油和木油色泽金黄或棕黄，都是优良的干性油，有光泽，不能食用，具有不透水、不透气、不传电、抗酸碱、防腐蚀、耐冷热等特点。广泛用于制漆、塑料、电器、人造橡胶、人造皮革、人造汽油、油墨等制造业。

油桐在我国至少有千年以上的栽培历史，直到1880年后，才陆续传到国外。

延伸阅读

光合作用的发现历程

公元前4世纪，古希腊哲学家亚里士多德认为：植物生长所需的物质全来源于土中。

1627年，荷兰人范·埃尔蒙做了盆栽柳树称重实验，得出植物的重量主要不是来自土壤而是来自水的推论。他没有认识到空气中的物质参与了有机物的形成。

1648年，比利时科学家海尔蒙特做了类似范·埃尔蒙的实验，提出了建造植物体的原料是水分这一观点。但是当时他却没有考虑到空气的作用。

1771年，英国的普里斯特利发现植物可以恢复因蜡烛燃烧而变"坏"了的空气。他做了一个有名的实验，他把一支点燃的蜡烛和一只小白鼠分别放到密闭的玻璃罩里，蜡烛不久就熄灭了，小白鼠很快也死了。接着，他把一盆植物和一支点燃的蜡烛一同放到一个密闭的玻璃罩里，他发现植物能够长时间地活着，蜡烛也没有熄灭。他又把一盆植物和一只小白鼠一同放到一个密闭的玻璃罩里。他发现植物和小白鼠都能够正常地活着，于是，他得出了结论：植物能够更新由于蜡烛燃烧或动物呼吸而变得污浊了的空气。但他并没有发现光的重要性。

1779年，荷兰的英格豪斯证明：植物体只有绿叶才可以更新空气，并且在阳光照射下才成功。

1785年，随着空气成分的发现，人们才明确绿叶在光下放出的气体是氧气，吸收的是二氧化碳。

1804年，法国的索叙尔通过定量研究进一步证实：二氧化碳和水是植物生长的原料。

1845年，德国科学家梅耶根据能量转化与守恒定律明确指出，植物在进行光合作用时，把光能转换成化学能储存起来。

1864年，德国的萨克斯发现光合作用产生淀粉。

1880年，美国的恩格尔曼发现叶绿体是进行光合作用的场所，氧是由叶绿体释放出来的。

1897年，"光合作用"这个名称首次在教科书中出现。

1939年，美国科学家鲁宾和卡门采用同位素标记法证明了光合作用释放的氧气来自水。

20世纪40年代，美国科学家卡尔文用小球藻做实验，最终探明了二氧化碳中的碳在光合作用中转化成有机物中碳的途径，这一途径被称为卡尔文循环。

酸雨的危害

"雨天要浇菜"，咋一听，很荒谬。本来雨天可以让菜农免去了花力气挑水浇菜。然而，现在不行了。一旦下雨，菜农们便慌了起来，他们连忙挑水再把蔬菜从头到脚浇一遍。

为什么呢？原来，现在很多地方下的雨都是酸雨。菜农们如果不浇水冲释一下，蔬菜叶就会被腐蚀掉。菜农们便会白忙活了。

什么叫酸雨呢？酸雨泛指PH值小于5.6的雨、雪或其他形式的大气降水。说的通俗点就是含有类似柠檬汽水中的酸成分的雨水或雪水。它是大气受污染的一种表现。最早引起注意的是酸性的降雨，所以习惯上统称酸雨。

20世纪30年代以前，大自然中也存在酸雨，但那只是在火山爆发时偶

产业革命

然酿成的,属于自然灾害。随着产业革命的兴起,大小烟囱如雨后春笋,曾几何时,工厂林立,烟囱冒出滚滚黑烟,被人看做是工业发达的象征。

然而,正是这些在燃烧煤炭和石油过程中产生的黑烟是制造酸雨的恶魔。因为冒出的黑烟中除含有大量的二氧化硫、氮氧化物外,还含有相当数量的未燃尽的碳核、硅和金属微粒,如钙、铁、钒等金属离子。它们在大气层里,因为水蒸气的存在经氧化作用,使氮氧化物和硫氧化物生成硫酸、硝酸和盐酸液沫,在特定的条件下,随同雨水或雪水降落下来而成为人们所说的酸雨。

酸雨对环境和自然生态破坏非常严重。首先,它对人类的健康危害非常大。由于酸雨溶解了空气中的重金属粒子,使其变成对人体有害的金属盐,通过各种渠道进入人体。首先遭殃的是体弱多病的老人和抵抗力较差的儿童。酸雨可诱发人们患各种呼吸道疾病。

其次,酸雨增加了土壤酸性、破坏土壤结构,危害植物的正常生长,甚至使沃土变成不毛之地,庄稼不长、树木枯萎。

例如1982年6月13日夜里,我国西部的重庆市近郊,一场大雨从天而降,酸雨挟带着重庆市数千个大小烟囱排出来的、饱含亚硫酸的黑烟和废气成分,仿佛是成千上万吨稀硫酸,洒到郊外万亩正在茁壮成长的庄稼上。大雨过后,遭到雨淋的2万亩水稻很快一片枯黄。几天后,一批杂交水稻居然枯死了。据统计,我国每年因酸雨造成260万公顷农田受害,损失人民币达60亿元以上。

再次,酸雨对湖泊也有很大的影响。在美国,酸化的水域已达3.6万平方千米,在28个州17054个湖泊中,有9400个受酸雨影响水质变坏。纽约州北部阿迪龙达克山区,1930年只有4%的湖泊没有鱼,目前半数以上的湖水PH值在5.0以下,90%没有鱼,常见的鳟鱼、鲈鱼和小狗鱼均已绝迹。听不到蛙声,死一般的寂静。

酸雨不但对自然生态造成严重的危害,对建筑物也具有极大的破坏性。酸雨是超级腐蚀剂。酸雨能腐蚀建筑材料、金属构件、油漆等,使古今建筑和雕塑等遭到损害。如我国北京的故宫、天安门前的金水桥、天坛上的大理石栏杆、卢沟桥上著名的石狮子等，在近几十年中，因酸雨造成的危害超过几百年来的风化作用。

酸雨对钢铁设施和水泥建筑也能产生迅速的破坏作用。重庆与南京自然条件比较相似，但重庆是酸雨侵蚀比较严重的地区，电视塔、建筑机械的维修、路灯及电线更换频率要比南京快1倍~5倍。嘉陵江大桥的钢索每年锈蚀0.16毫米，如此下去，用不了30年，就会因为钢铁锈蚀而发生危险。

卢沟桥的石狮

酸雨有这么多的危害，如何控制呢？根本措施就是减少二氧化硫和氮氧化物的人为排放量。为此，首先，必须先知二氧化硫和氮氧化物的排放；其次，必须改造燃烧技术，并对污染源进行消烟和脱硫处理；再次，必须开发低污染或无污染的新能源；最后，可以通过绿化，种植耐酸抗污染的树种来吸收和清除大气中的二氧化硫和氮氧化物。

大气降水

从云中降落到地面上的液态水或固态水，统称为大气降水，包括雨、雪、霰、冰雹等。

降水的条件是在一定温度下，当空气不能再容纳更多的水汽时，就成了饱和空气。空气饱和时如果气温降低，空气中容纳不下的水汽就会附着在空气中以尘埃为主的凝结核上，形成微小水滴——云、雾。云中的小水滴互相碰撞合并，体积就会逐渐变大，成为雨、雪、冰雹等降落到地面。

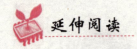
延伸阅读

pH 值简介

pH 值是通常意义上溶液酸碱程度的衡量标准。通常 pH 值是一个介于 0 和 14 之间的数,当 pH<7 的时候,溶液呈酸性,当 pH>7 的时候,溶液呈碱性,当 pH=7 的时候,溶液呈中性。

有很多方法来测量溶液的 pH 值:

在待测溶液中加入 pH 指示剂,不同的指示剂根据不同的 pH 值会变化颜色,根据指示剂的颜色就可以确定 pH 值的范围。滴定时,可以作精确的 pH 标准。

使用 pH 试纸,pH 试纸有广泛试纸和精密试纸,用玻棒蘸一点待测溶液到试纸上,然后根据试纸的颜色变化并对照比色卡也可以得到溶液的 pH 值。

使用 pH 计,pH 计是一种测量溶液 pH 值的仪器,它通过 pH 选择电极(如玻璃电极)来测量出溶液的 pH 值。pH 计可以精确到小数点后两位。

由 pH 值的定义可知,pH 值是衡量溶液酸碱性的尺度,在很多方面需要控制溶液的酸碱,这些地方都需要知道溶液的 pH 值:

医学上:人体血液的 pH 值通常在 7.35－7.45 之间,如果发生波动,就是病理现象。唾液的 pH 值也被用于判断病情。

化学和化工上:很多化学反应需要在特定的 pH 值下进行,否则得不到所期望的产物。

农业上:很多植物有喜酸性土壤或碱性土壤的习性,如茶的种植。控制土壤的 pH 值可以使种植的植物生长得更好。

温室效应的后果

自地球形成以来,地球气候始终处于变化之中,但这种变化的周期相当长,短时期内变化幅度很小,这种气候的稳定性,有利于生物圈内生物的生存和繁衍。但 20 世纪以来,阿尔卑斯山积雪融化,南极冰川减少,大洋海水升温,全球冬天变短,无一不被有关专家视作气候变暖的征兆。观测数据表明，自19世纪以来，全球平均气温升高了0.3℃~0.6℃，近20年来温度升高幅度更大。

专家分析，全球气候变暖主要是温室效应引起的，大气层和地表就好比一个巨大的"玻璃温室"，使地表和大气维持一定的温度，产生适合人类和其他生物生存的环境。

在这一系统中，白天太阳辐射自由通过照射地表，其中长波辐射使大气升温，晚上散热降低温度，长期以来已经形成了一种稳定的平衡，使地球能维持相对稳定的温度。

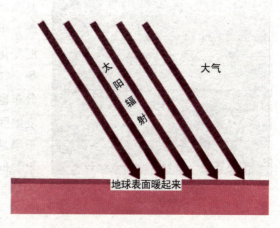

太阳辐射与地球温度有密切关系

但是，工业革命以来，工农业生产的发展，大量化石能源被开采用作工业生产、交通运输和居民生活，导致大气中的CO_2浓度上升，加剧了温室效应，打破了原有的平衡，使地球接收来自太阳的热多于地球散放到太空的热量，从而导致全球气候变暖。

CO_2、NO、CH_4、CCl_2F_2和O_3都是潜在的温室气体。目前，大气中CO_2浓度比工业革命前的浓度高25%，而且由于人为排放，每年约以0.5%速度递增。过去100年内，全球平均气温上升了0.3℃~0.6℃。据世界气象组织的最新报告预测，今后100年内全球平均气温将升高1.4℃~5.8℃。

全球气候变暖可能带来一些意想不到的灾难：

（1）海平面上升。全球气候变暖一方面使海洋上层水温升高造成体积膨胀，同时气温升高加速高山和南北两极的冰川融化，从而导致海平面上升。据估计，到2030年全球海平面上升约20厘米，21世纪末将上升65厘米，严重威胁到低洼的岛屿和沿海地带。

联合国专家小组电脑模拟试验得出结论，2050年后全球海平面升高30厘米~50厘米，世界海岸线的70%将被海水淹没，东京、大阪、曼谷、威尼斯、彼得堡和上海等许多沿海城市将完全或局部被淹没，海水倒灌还将造成耕地被淹。地下水受海水的侵入而盐化，河流河口处淡水、海水混合区将向上游延伸,影响水生生态系统。

(2) 气候带发生变化。全球气温升高将使温带界线向高纬度地区扩展,生物将因难以适应如此快速的温度变化而加速物种灭绝,破坏生态平衡。气候变暖使水分蒸发加快,雨量分布也随之发生变化,其结果是低纬度地区雨量增加导致洪涝成灾,某些干旱地区可能因季风影响而增加降水,但大部分中纬度干旱地区将更加干旱,从而导致农业减产。

(3) 传染病流行。近年来全球范围内的流行性疾病增加,也与气温升高有关。在温暖条件下,不但细菌、霉菌生长迅速,而且蚊、蝇等昆虫媒介存活时间长,繁殖力增强,扩大了生存空间,从而使传染性疾病随全球气温升高而加剧。

冰川融化

我国地域作为全球环境的一个区域,近百年来的气候变化,就地表大气温度的变化趋势而言,与北半球一样,同样存在着变暖的趋势,但远不如北半球变温的幅度显著,同时还具有明显的区域气候变化的特征。造成这种区域气候变化的原因,尚需进一步进行论证。

从国家气候变化协调组第二工作组专为 1990 年 5 月末的 IPCC(政府间气候变化专业委员会)第二工作组第三次全体会议所准备的报告来看,温室效应引起的气候变暖对我国的环境影响有以下 5 个方面:

(1) 对农业影响,既有正效应(增产),也有负效应(减产)。气候变化对农业影响的综合效应,将使我国农业生产能力下降至少 5%。

(2) 对我国水资源的影响非常严重。根据多种模型(气候和水文)计算的结果:由降水量、经流量、蒸发量形成的水资源增加或减少的地区差别很大。尤其是北方干旱及半干旱地区,水资源对气候变化最敏感。因此变干的可能性最大。

(3) 海平面上升将对我国造成很大的损失。根据 GCM(大气环流模式)并按照 $2 \times CO_2$ 的条件,预测 2030 年海面上升 20 厘米左右,我国东南沿海现有的盐场和海水养殖场将基本被淹没或破坏。

(4)对有些树种生长带来不利影响,生长分布区域发生变化,产量将严重下降。

(5)将使永冻土融化消失,并发生大面积的热融下沉与斜坡热融坍塌,造成已经开发建成的广大区域的冻土公路、铁路及民用建筑的破坏。

海边盐场

气候变化对社会的影响还难以估量,有许多问题还难以研究,但总的结果是令人忧虑的。

> 知识点

化石能源

化石能源是一种碳氢化合物或其衍生物。它由古代生物的化石沉积而来,是一次性能源。化石燃料不完全燃烧后,都会散发出有毒的气体,却是人类必不可少的燃料。化石能源所包含的天然资源有煤炭、石油和天然气。

化石能源是目前全球消耗的最主要能源,但随着人类的不断开采,化石能源的枯竭是不可避免的,大部分化石能源被开采殆尽。从另一方面看,由于化石能源的使用过程中会新增大量温室气体CO_2,同时可能产能一些有污染的烟气,威胁全球生态。因而,开发更清洁的可再生能源是今后发展的方向。

 延伸阅读

永冻土融化将加速全球变暖

2011年2月美国一项最新研究称,随着气温的上升,到2200年地球的永久冻土层估计有多达2/3将融化消失,从中释放出的大量碳反过来又会加速全球变暖。

来自科罗拉多大学的研究人员介绍说,永冻土融化释放出的碳主要来自于上个冰川期被冻在土壤中的植物根茎残余等物质,这就好比把菜冻在冰箱里可以冷冻许多年,然而一旦从冰箱中拿出来(环境温度升高),菜就会解冻腐烂。

此前就有研究发现,阿拉斯加和西伯利亚地区融化的永久冻土层已经开始向大气中释放碳。此次,科罗拉多大学研究人员通过电脑模拟方式,首次推算出未来永久冻土层的融化情况以及释放出的碳量。

根据他们的推算,随着地球升温,在接下来的200年里,地球永久冻土层的融化将向大气中释放约1900亿吨碳,其中大多数将在未来100年里释放,相当于工业化时代以来所释放的碳总量的一半。

研究人员称,从现在到2200年,地球永冻土融化过程中释放的碳将相当于目前地球大气中碳总量的五分之一。这些碳的释放将不仅加速全球变暖影响地球气候,而且还将影响国际社会的碳减排进程。这是因为,如果将永冻土碳释放因素考虑在内,人类就需要设定更加严格的碳减排目标,才能有效遏制全球变暖。

臭氧层的破坏

我国古代有"女娲补天"的神话故事。现在科学家考察发现,在北美、欧洲、新西兰上空,保护地球的臭氧层正在变薄,南极上空的臭氧层已经出现了一个"空洞",科学家真的要"补天"了。

臭氧(O_3)是大气中的微量元素,是一种具有微腥臭、浅蓝色的气体,主要密集在离地面20千米~25千米的平流层内,科学家称之为臭氧层。臭氧层好比是地球的"保护伞",阻挡了太阳99%的紫外线辐射,保护地球上的生灵万物。这是地球生态系统的一个组成部分。

近年来,由于越来越多的巨型喷气式飞机在一二十千米的高空飞行,向空中排放大量氮氧化合物;农业上大量使用氮肥,由于化学脱氮反应和土壤中嫌气菌的作用,常生成许多氮氧化合物,并向高空扩散;汽车尾气中的氮氧化合物也部分升入高空。所有这些到达高空的氮氧化合物,在阳光照射下就发生光化学反应,而使得高空臭氧浓度降低。

另外,工业上和家庭中大量实用的氟利昂制冷剂,及农业上喷洒农药生成的多种溶胶微粒,排入大气升到高空后,对臭氧也有强烈的破坏作用。比如氟利昂被紫外线辐射光结合时生成的氯离子,在二三十千米的高空会引起一些列复杂的化学反应,一个氯离子可以消耗掉一千个臭氧分子,可使高空臭氧浓度剧烈减低。上述的空气污染物引起的高空臭氧浓度减小,倘若达到一定程度,就会给地球上的生物带来间接的危害。

美国的"云雨7号"卫星经过探测表明,臭氧减少的区域位于南极上空,呈椭圆形,1985年已和美国整个国土面积相似。这一切就好像天空塌陷了一块似的,科学家把这个现象称为南极臭氧洞。

南极臭氧洞的发现使人们深感不安,它表明包围在地球外的臭氧层已经处于危机之中。于是科学家在南极设立了研究中心,进一步研究臭氧层的破坏情况。1989年,科学家又赴北极进行考察研究,结果发现北极上空的臭氧层也已遭到严重破坏,但程度比南极要轻一些。2000年,南极上空的臭氧空洞面积达创记录的2800万平方千米,相当于4个澳大利亚。

国外有的学者认为,若地球上发生旨在消灭一个世界强国的核攻击,或每天有500架喷气式飞机在21千米高空飞行,都将使高空臭氧的数量大大减少到能给人类生态环境以巨大影响的地步。

美国全国科学委员会的一份报告,称紫外线能抑制人体的免疫系统,使人体内癌细胞等有害因子得以顺利扩展,因此,假如大气中臭氧含量下降1%,患基底皮细胞癌的人数就有可能上升2%~5%,鳞状皮细胞癌患者或许要增加4%~10%。还有的研究指出,过量的紫外线照射,会导致植物叶片卷缩、生长滞慢,甚至植株枯萎。

联合国环境规划署自1976年起陆续召开了各种国际会议,通过了一

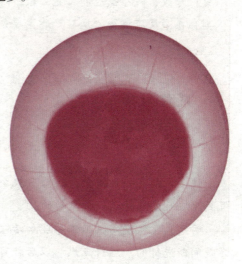

南极上空臭氧空洞示意图

系列保护臭氧层的决议。尤其在 1985 年发现了在南极周围臭氧层明显变薄，即所谓的"南极臭氧洞"问题之后，国际上保护臭氧层以及保护人类子孙后代的呼声更加高涨。

1995 年 1 月 23 日，联合国大会通过决议，确定从 1995 年开始，每年的 9 月 16 日为"国际保护臭氧层日"。联合国大会确立"国际保护臭氧层日"的目的是纪念 1987 年 9 月 16 日签署的《关于消耗臭氧层物质的蒙特利尔议定书》，要求所有缔约的国家根据"议定书"及其修正案的目标，采取具体行动纪念这一特殊日子。

氟利昂

又名氟氯烃，几种氟氯代甲烷和氟氯代乙烷的总称。氟利昂在常温下都是无色气体或易挥发液体，略有香味，低毒，化学性质稳定。其中最重要的是二氯二氟甲烷。

二氯二氟甲烷在常温常压下为无色气体；熔点 -158℃，沸点 -29.8℃，密度 1.486 克/厘米（-30℃）；稍溶于水，易溶于乙醇、乙醚；与酸、碱不反应。二氯二氟甲烷可由四氯化碳与无水氟化氢在催化剂存在下反应制得，反应产物主要是二氯二氟甲烷。

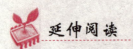

喷气式飞机为何烧煤油

许多人都有一种错觉，认为飞机全都烧汽油。其实并不是这样，现代喷气式飞机就是选择煤油作燃料的。

喷气式飞机发动机工作原理和活塞式发动机有所不同，它的燃烧过程并不是间断进行的。燃料点燃，以后就可以燃烧到发动机断油。所以，不要求燃料有相当好的蒸发性，烧汽油就显得大材小用了。

不但这样，现代喷气式飞机飞得高、而且速度快，于是带来一个很大的问题：处在高空飞行的飞机，因为空气相当稀薄，大气压力也小，而且燃料处于低压状态，通常在这种环境下，假如以汽油为燃料，油箱以及油路中的汽油就会马上沸腾，从而产生许多油蒸汽，阻塞油路，造成"气塞"。发动机也会由于得不到燃料而在空中停车，从而造成机毁人亡的严重飞行事故。为了防止"气塞"出现，喷气式飞机也只能采用沸腾温度十分高、而且不易蒸发的煤油作燃料了。

此外，煤油的润滑性要比汽油好得多，而汽油会使发动机各个机件润滑性能变差，极大缩短发动机的使用寿命，因此这也是喷气式飞机烧煤油的另外一个原因。

大气污染的生态恢复

大气是生物赖以生存的必要条件之一，也是最重要的生态资源因子。因此治理大气污染是治理污染的重要内容。大气污染根据其发生原因和污染物组成不同，可以分为煤烟型（如伦敦烟雾事件）、石油型（如洛杉矶光化学烟雾事件）、混合型（多种原因诱发污染）和特殊型（如氯碱厂排放氯化氢污染大气）污染。

我国大气污染多属煤烟型污染，主要污染物为烟尘和SO_2。这与我国的能源结构以煤炭为主，工业布局不合理，燃烧器具陈旧，工艺落后，能耗高等特点有关。因此，要减少烟尘和SO_2等大气污染物的排放量及其危害，必须采取以污染源控制、治理为主，强化大气质量管理，选育优良抗污染作物品种，开展植树造林等综合防治措施。

一般来说，治理大气污染可从下面几个方面入手：

1. 消烟除尘技术。消烟除尘技术是指烟尘等固体颗粒物在排放到大气环境之前，采用除尘装置将其除掉，以减少大气污染物。目前使用的除尘装置大致可分为机械除尘器、湿式洗涤除尘器、袋式滤尘器和静电除尘器等四类。它们的性能及优缺点各有不同，可根据实际需要选择适当的类型配合使用。

（1）沉降除尘室。利用重力和离心力将尘粒从气流中分离出来，达到净化的目的。能除去直径大于40ptm的尘粒。它具有设备最简单、价廉，操作

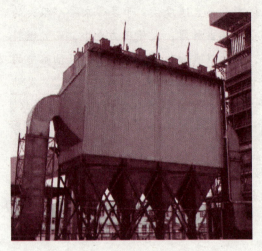

静电除尘器

维修方便等特点。具体方法是使烟气通过一个沉降室，在重力作用下沉降下来，一般用作较大尘粒的预处理。

（2）旋风式除尘器。气体在分离器中旋转，烟尘颗粒在离心力作用下被甩到外壁，沉降到分离器底部，气体从顶部逸出，从而使气体与颗粒物分离。这种设备对直径大于5微米的尘粒去除效率可达50%～80%，适宜于一般工业锅炉使用。

（3）湿式洗涤除尘器。湿式洗涤除尘器是一种用喷水法将颗粒物从气体中洗离出来的除尘装置。对直径大于2微米的尘粒，去除效率可达90%左右。缺点是压力损耗大，用水量大，同时还产生污水处理问题。

（4）袋式滤尘器。袋式滤尘器对直径1微米以上的尘粒去除率达100%。含尘气体通过悬挂在袋室上的织物过滤袋而被除掉。这种方法除尘效率高，操作简便，适合于含尘浓度低的气体。其缺点是占地多、维修费用高，不耐高温高湿气流。

（5）静电除尘器。静电除尘器的原理是利用尘粒通过高压直流电吸收电荷的特性而将其从气流中除去。带电颗粒在电场作用下，向接地集尘筒移动，借助重力把尘粒从集尘电极上除掉。这种除尘器的优点是对粒径很小的尘粒具有较高的去除效率，耐高温，气流阻力小，除尘效率不受尘粒浓度和烟气流量的影响，是当前发展的新型除尘设备。缺点是投资费用高、占地大、技术要求高。

2. 二氧化硫治理技术。煤炭洗选脱硫是在煤炭燃烧前用水冲洗煤炭，使其中的无机硫被洗除。通过洗选，可将煤中40%～60%的无机硫脱去，同时也降低了煤的灰分，提高了煤炭的质量和热能利用率。

发展型煤是将原煤经过洗选、破碎、分筛、加入黏合剂、添加剂、固硫剂、成型等加工过程制成一种固体清洁燃料。使用这种煤的锅炉，烟气中二氧化硫可减少40%～45%，烟尘减少50%～90%。

一般以煤和石油作燃料的烟气中，SO_2 含量为 0.5%～1%，含硫量较低，烟气量大而温度高，采用烟气脱硫可收到较好的效果。烟气脱硫方法分为干法与湿法两类：干法是采用粉状或粒状吸收剂或催化剂来脱除烟气中的 SO_2；湿法是采用液体吸收剂洗涤烟气，以除去 SO_2。

型　煤

3. 生物防治。大气污染的生物防治主要是利用绿色植物来净化空气。绿色植物的净化作用主要体现在以下三个方面：

（1）植物能够在一定浓度范围内吸收大气中的有害气体。例如，1 公顷柳杉林每年可以吸收 720 千克二氧化硫，美人蕉、向日葵、泡桐、加拿大白杨等对氟化氢有很强的吸收能力。

（2）植物可以阻滞气流，使大气中的粉尘和放射性污染物沉降而被植物吸附。例如，1 公顷山毛榉林一年中阻滞和吸附的粉尘达 68 吨。在城市、工矿区和其周边环境之间，由于气温的差别，常有小环流产生，因此可种植净化防护林带，使城市、工矿区的空气得到稀释、净化。

净化防护林带与污染源的距离、林带的疏密及林带的宽度要配置合理，才能达到最大限度的净化效果。林带宽度一般以 30 米～40 米为宜。

（3）许多绿色植物如悬铃木、橙、圆柏等，能够分泌抗生素，杀灭空气中的病原菌。因此，森林和公园空气中病原菌的数量比闹市区明显减少。

绿色植物具有多方面净化大气的作用，是保护生态环境的绿色屏障。因此城市绿化对于净化城市空气、保障人体健康具有重要意义。

联合国生物圈生态与环境保护组织规定，城市居民每人约需要 60 平方米的绿地，住宅区绿地每人要保持 28 平方米。在城市绿化工作中应注意因地制宜，常绿树与落叶树搭配，速生树与慢生树相结合，骨干树种与其他树种相结合，乔、灌、草、藤相结合，立体绿化，提高净化效率，保证净化效果。

另外，我们知道当大气受到污染时，生物会不同程度地作出反应，如某些动物的生病、死亡或成群迁移；植物叶片的变色、脱落或枯死等；微生物

城市绿地

种类和数量的变化等。

因此，可以利用生物对大气污染的这些异常反应监测大气中有害物质的成分和含量，了解大气质量状况，这就是大气污染的生物监测。大气中污染物多种多样，有 SO_2、HF、O_3、NO_x、粉尘、重金属等。不同的生物对它们的敏感性不同，反应也不一样，因此不同的大气污染物有不同的监测生物。

利用动物来监测大气环境质量，存在很多困难，虽然已经有用鸟类和昆虫监测大气质量的报道，但目前还没有形成一套完整的监测方法。而利用植物来指示和监测大气质量，却取得了一定的进步。

我国从20世纪70年代初就开展监测植物的选择和利用，积累了较多经验，有的已经应用于生产实践中。有些植物对大气污染的反应极为敏感，在污染物达到人和动物的受害浓度之前，它们就显示出可觉察的受害症状。

例如紫花苜蓿在二氧化硫浓度达0.3毫克/升时就有明显反应；贴梗海棠在0.5毫克/升的臭氧下暴露半小时就会受到伤害；香石竹、番茄在0.1～0.5毫克/升浓度的乙烯影响下几小时，花萼就会发生异常变异；唐菖蒲的敏感品种"白雪公主"经0.1毫克/升的氟化氢作用5周后，会出现慢性受害症状。

这些敏感生物的生存状况可以反映其生存介质的环境质量，用来监测环境。植物还能够将污染物或其代谢

贴梗海棠

产物富集在体内,分析植物体的化学成分可确定其含量。

另外,环境污染除了对生物个体产生影响外,还在种群、群落层次上影响生物的组成和分布。因此,生物的种类区系变化也可以用于监测环境。

静　电

静电,是一种处于静止状态的电荷。在干燥和多风的秋天,在日常生活中,人们常常会碰到这种现象:晚上脱衣服睡觉时,黑暗中常听到噼啪的声响,而且伴有蓝光,见面握手时,手指刚一接触到对方,会突然感到指尖针刺般刺痛;早上起来梳头时,头发会经常"飘"起来,越理越乱,拉门把手、开水龙头时都会"触电",时常发出"啪、啪"的声响,这就是发生在人体的静电。

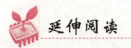

常见抗污染绿化植物

城镇花园,特别是沿主干道的绿地,经常暴露于高度污染的环境中。许多植物不能忍受这种被"虐待"的环境,而有些植物依然存活着,尽管它们的叶片上吸存着大量的污染质。如果你生活在一个喧嚣的、建筑集中的城区,可以选择以下适合于这些地区生长的植物,并在花园(绿地)周围密密地种植抗污染植物篱,以减轻恶劣环境对城市空间的影响。

唐棣:直立落叶灌木,秋季叶为美丽的橘红色,春季开星状白花,结蓝黑色果实。

桃叶珊瑚:圆形常绿灌木,叶卵状,光滑而单质,具缘齿,春季着紫红色的花。

小檗:常绿或落叶灌木。迷人的叶,黄或橙色的花朵,美艳的果实,是不可多得的优美庭园植物。植株形状各异,匍生、堆状、直立或为茂盛的灌丛状，有些适于作绿篱，如日本小檗种类繁多，应用广泛。

醉鱼草：拱型落叶灌木。密集的花簇淡紫或紫色，具芳香，由夏开到秋。

贴梗海棠：落叶灌木。植株具刺，初春至夏开各色杯状花，有粉红、大红、橘黄或白色等，花后继结可食的果实。适合作地被植物或低矮花篱，有的适作花境。

连翘：落叶灌木，早春最早绽放亮眼的黄花。叶片秋季转成美丽的红色或紫色。

多刺冬青：直立常绿灌木或乔木。叶缘具刺或光滑，浆果红色，偶尔黄色或橙色。有矮小品种适合于小庭园栽植。

丁香：落叶灌木。圆锥花序，花色纷繁，有白、淡紫、粉红、粉紫、蓝色、乳黄、乳白等；花时芬芳扑鼻，花期春末至初夏。

水体破坏：日趋加剧

世界上的江河、湖泊和水库大都受到不同程度的污染。大量废水排入江河，农田流失的肥料和农药污染河流和湖泊，大气污染物随降水形成酸雨导致湖泊酸化，地面倾倒有毒废物严重污染了地下水和地表水。全球环境监测系统水质监测项目表明，全球大约有10%的监测河流受到污染，生化需氧量值超过6.5毫克/每升；水体受营养元素的污染形成水域富营养化，污染河流含磷量均值为未受污染河流平均值的2.5倍。

日趋加剧的水污染，已对人类的生存安全构成重大威胁，成为人类健康、经济和社会可持续发展的重大障碍。据世界权威机构调查，在发展中国家，各类疾病有80%是因为饮用了不卫生的水而传播的，每年因饮用不卫生水至少造成全球2000万人死亡，因此，水污染被称作"世界头号杀手"。

水与人类

水是生命的源泉，是生命存在与经济发展的必要条件，同样是构成人体组织的重要部分。水在人体内的含量达70%，其余30%左右为固体营养物（蛋白质、碳水化合物、脂质、矿物质、维生素等）。人体60%的水在细胞内，40%在流体内（血、消化液、唾液、胆液、泪水、汗液、肠液、胃液）。成年人每天需水2.5升-3升，其中直接饮用1升左右，食物中补充1升，人体新陈代谢形成0.5升。明代李时珍在《本草纲目》中写到："饮资于水，食资于土，饮食者，人之命脉也"，人的生命离不开水。

长期以来，人们把空气作为不花成本的资源，水也是作为成本低廉的资源对待的，因为它数量巨大且易于获取。

浩瀚的海洋

当人们面对泛滥的江河时，常为其巨大的水量而叹为观止，然而，江河中的全部淡水若是同浩瀚的海洋相比，仅及其百万分之一。地球是一个水量极其丰富的天体，海洋面积占地球总面积的71%，地球实际上应称为"水球"，而被称为水星的行星上却并没有水，迄今天文学的观察也尚未发现哪一个星球上有水，这又是地球的独特之处。

地球上水的总量是巨大的，达 1.4×10^9 立方千米，占地球质量的万分之二。如果地球是一个平滑的球而没有地形起伏，则地球表面就形成一个水深2744米的世界洋。即使世界人口达到100亿，每人平均占有的水量仍达0.14立方千米，即1.4亿立方米。

但是，能供人类利用的水却不多，因为水圈中海水占97.3%，难以直接利用，淡水只占2.7%，约为 38×10^6 立方千米，仍然是一个极大的数字，相当于地中海容量的10倍。可惜，这些淡水的99%却难以直接被人类利用，因为：两极冰帽和大陆冰川中储存了淡水的86%，位处偏远，难以获取；浅层地下水储量约占淡水总量的12%，必须凿井方能提取。

最易利用的是江河湖沼中的水，占淡水总量的1%弱。然而，人类正是充分利用了这极小部分的水得以繁衍不绝，创造了灿烂的文化。古代人类的文明大多与大河有关，例如黄河、尼罗河、恒河、底格里斯河和幼发拉底河等，都是人类文明的摇篮。

水属于可更新的自然资源，处在不断的循环之中：从海洋与陆地表面蒸发、蒸腾变成水蒸气，又冷凝为液态或固态水降落到海面和地面，落在陆地的部分汇流到河流和湖泊中，最后重新回归海洋，如此循环不已。

全球每年水分的总蒸发量与总降水量相等，均为 500×10^3 立方千米。全球海洋的总蒸量为 430×10^3 立方千米，海洋总降水量为 390×10^3 立方千米，二者的差值为 40×10^3 立方千米，它以水蒸气的形式移向陆地。陆地上的降水量（110×10^3 立方千米）比蒸发量（70×10^3

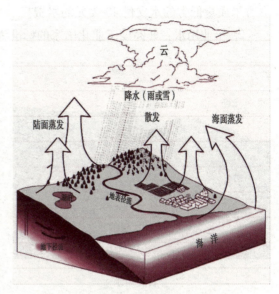

水文循环示意图

立方千米）多 40×10^3 立方千米，它有一部分渗入地下补给地下水，一部分暂存于湖泊中，一部分被植物所吸收，多余部分最后以河川径流的形式回归海洋，从而完成了海陆之间的水量平衡。

这4万立方千米的水还不能被人类全部利用，其中大部分（约 28×10^3 立方千米）为洪水径流，迅速宣泄入海。其余 12×10^3 立方千米中，又有 5×10^3 立方千米流经无人居住或人烟稀少的地区，例如寒带苔原地区、沼泽地区和像亚马孙那样的热带雨林地区等。余下可供人类利用的仅为每年7000立方千米。20世纪以来各国修筑了许多水库，控制了部分洪水径流。全世界水库的总库容约为2000立方千米，使可供人类使用的水量达到每年9000立方千米，这就是人类能有效地利用的水资源。

人类对水的需求分生产需用和生活需用两方面。根据各国的经验，对于用水量可以作如下的推算：

1. 生活用水：为了维持起码的生活质量，生活用水标准为每人每年30立方米。北京城区的生活用水量略高于此数，为50立方米，发达国家的生活用水量更高，如美国达180立方米，而一些经济欠发达的缺水国生活用水量远低于起码的水平，例如非洲马尔加什共和国西南部居民每人每年仅靠2立方米水维持生活，仅仅超过生物学需水量的最低值。而且他们还必须为这2

立方米质量低劣的水支付40美元的水费。

2. 工业用水：非高度工业化国家的标准为每人每年20立方米。

农业用水

3. 农业用水：为维持每日10462焦耳（2500卡）热量的食物每人每年需水300立方米，每日12555焦耳（3000卡）热量食物则需水400立方米。

以上3项合计，每人每年的需水量约为350立方米~450立方米，以维持中等发达以下的生活水平。由此推算，每年9000立方千米的总水量可以供养200亿~250亿人口，如果水分能够及时地和持续地供应到需水的地方的话。但是，地球上水分的分配无论在时间上和空间上都极不均衡，而且人口的分布也很不均匀。因此，实际上能够供养的人口将远低于此理论值。

另有专家提出一个经验参数：如果依赖一个流量单位（即每年1百万立方米）的人数超过2000人时，这个国家或地区就会出现缺水问题。按这个参数计算，则现有淡水量可供180亿人之需。

从世界范围来看，需水量最大、对供水量至为敏感的部门乃是农业，占用水总量的2/3以上，因此，发展节水农业是节约水资源的有效途径。

各国农业用水所占比例差异很大，与各国工农业发展情况和农业在国民经济中所占比重有关。像印度和墨西哥等农业国农业用水所占比重很大，达90%以上。与此相对照的是英国和原联邦德国，农业用水很少，这不仅是由于其工业发达，相对耗水较多，更重要的是这些国家雨水充沛调匀，农业可以旱作而很少灌溉，灌溉技术也较先进，因此农业耗水较少。

工业国中日本的情况比较特殊，其农业用水量约占70%，原因是大规模种植耗水量巨大的水稻。美国工农业用水所占比例相当，因为它也是农业大国，但20世纪60年代以来，工业用水量开始超过农业，其主要原因是随着用电量的剧增，电厂冷却用水量亦迅速增加。

我们知道，虽然全球的有效淡水量不及总水量的1%，然而，仍可以满足约200亿人口低水平的需要。不过由于人口的分布和降水的时空分布都极不均匀，使不少国家和地区不时遇到缺水的困难。

供水紧缺往往造成一系列的经济、社会和生态问题。世界上的缺水区常常又是人口增长和城市化比较迅速的地区，缺水对农业的冲击最大，因为农业常是这类地区用水量最大的部门，而且又常是经济效益较低的部门，因此当某一地区的用水量接近其自然极限时，常常是农业部门首先失去充分供水的保证。

例如，在我国北方缺水地区，每立方米淡水用于工业所取得的经济效益60倍于农业，计划部门在分配用水时必须考虑这个因素。在美国，更是奉行效益优先的信条，当农民把用水权卖给缺水的城市获利多于种植棉花、小麦和牧草时，他们将毫不犹豫地卖水而弃耕。美国有些地区用水权的价格很高，盐湖城每英亩英尺（英美常

盐湖城

用体积单位，合1.233立方米）用水权为200美元，而在迅速城市化的科罗拉多州弗兰特岭地区则高达3000美元～6000美元，任何农业收入都无法与这样的高价竞争。

但是，在过分地考虑用水的经济效益时，却往往忽视了水的生态学功能。在充分保证生活与工农业生产用水的同时，没有考虑给河流留下必要的水，以保护那里的鱼类和野生动物，更没有顾及河流的娱乐与美学功能。比如黄河下游枯水年出现断流。这种情况对河流生态系统无疑都产生毁灭性的后果。

知识点

蒸发量与降水量

蒸发，水由液态或固态转变成汽态，逸入大气中的过程称为蒸发。而蒸发量是指在一定时段内，水分经蒸发而散布到空中的量。通常用蒸发掉的水层厚度的毫米数表示，水面或土壤的水分蒸发量，分别用不同的蒸发器测定。一般温度越高、湿度越小、风速越大、气压越低、则蒸发量就越大；反之蒸发量就越小。

降水量是衡量一个地区降水多少的数据。空气柱里含有水汽总数量也称为可降水量。它对应于空气中的水分全部凝结成雨、雪降落所能形成的降水量。

延伸阅读

我国水资源现状

我国水资源占世界水资源总量的8%，但人均水资源占有量却仅为世界平均水平的1/4，是世界上13个贫水国家之一。

我国可利用水资源为8000亿立方米～9000亿立方米，现在一年的用水总量已达到5600亿立方米，预计到2030年全国用水总量将达到7000亿立方米～8000亿立方米，接近我国可用水资源的极限。

目前我国有三分之二的城市出现供水不足，上百个城市甚至严重缺水，3.6亿农村人口饮水未达到卫生标准。现有水资源浪费、污染严重，河流污染由局部发展到整体，由城市发展到乡村，由地表发展到地下。

2002年我国约有192.4亿吨废水超出环境自净能力。2003年，全国工业和城镇生活废水排放总量为460.0亿吨，比上年增加4.7%。其中工业废水排放量212.4亿吨，比上年增加2.5%；城镇生活污水排放量247.6亿吨，比上年增加6.6%。而废水处理率很低，许多废水未经任何处理就排入江河湖海，导致我国主要河流普遍被污染，75%的湖泊出现不同程度的富营养化。

海洋污染也比较严重……

水资源的危机已经给我们敲响了警钟。

日本的水俣病事件

日本熊本县水俣湾外围是一个海产丰富的内海，是渔民们赖以生存的主要渔场。水俣镇是水俣湾东部的一个小镇，有4万多人居住，周围的村庄还（居）住着1万多农民和渔民。

1925年，日本氮肥公司在这里建厂，后又开设了合成醋酸厂。1949年后，这个公司开始生产氯乙烯，年产量不断提高，1956年超过6000吨。与此同时，工厂把没有经过任何处理的废水排放到水俣湾中。

1956年，水俣湾附近发现了一种奇怪的病。这种病症最初出现在猫身上，被称为"猫舞蹈症"。病猫步态不稳，抽搐、麻痹，甚至跳海死去，被称为"自杀猫"。

随后不久，此地也发现了患这种病症的人。患者由于脑中枢神经和末梢神经被侵害，轻者口齿不清、步履蹒跚、面部痴呆、手足麻痹、感觉障碍、视觉丧失、震颤、手足变形，重者神经失常，或酣睡，或兴奋，身体弯弓高叫，直至死亡。当时这种病由于病因不明而被叫做"怪病"。

这种"怪病"就是日后轰动世界的"水俣病"，是最早出现的由于工业废水排放污染造成的公害病。

"水俣病"的罪魁祸首是当时处于世界化工业尖端技术的氮生产企业。氮用于肥皂、化学调味料等日用品以及醋酸、硫酸等工业用品的制造上。日本的氮产业始创于1906年，其后由于化学肥料的大量使用而使化肥制造业飞速发展，甚至有人说"氮的历史就是日本化学工业的历史"，日本的经济成长是"在以氮为首的化学工业的支撑下完成的"。然而，这个"先驱产业"肆意的发展，却给当地居民及其生存环境带来了无尽的灾难。

氯乙烯和醋酸乙烯在制造过程中要使用含汞的催化剂，这使排放的废水含有大量的汞。当汞在水中被水生物食用后，会转化成甲基汞。这种剧毒物质只要有挖耳勺的一半大小就可以致人于死命，而当时由于氮的持续生产已使水俣湾的甲基汞含量达到了足以毒死日本全国人口2次都有余的程度。

水俣湾

水俣湾由于常年的工业废水排放而被严重污染了，水俣湾里的鱼虾类也由此被污染了。这些被污染的鱼虾通过食物链又进入了动物和人类的体内。

甲基汞通过鱼虾进入人体，被肠胃吸收，侵害脑部和身体其他部分。进入脑部的甲基汞会使脑萎缩，侵害神经细胞，破坏掌握身体平衡的小脑和知觉系统。据统计，有数十万人食用了水俣湾中被甲基汞污染的鱼虾。

早在多年前，就屡屡有过关于水俣湾的鱼、鸟、猫等生物异变的报道，有的地方甚至连猫都绝迹了。"水俣病"危害了当地人的健康和家庭幸福，使很多人身心受到摧残，经济上受到沉重的打击，甚至家破人亡。

更可悲的是，由于甲基汞污染，水俣湾的鱼虾不能再捕捞食用，当地渔民的生活失去了依赖，很多家庭陷于贫困之中。

日本在二次世界大战后经济复苏，工业飞速发展，但由于当时没有相应的环境保护和公害治理措施，致使工业污染和各种公害病随之泛滥成灾。除了"水俣病"外，四日市哮喘病、富山"痛痛病"等都是在这一时期出现的。

日本的工业发展虽然使经济获利不菲，但难以挽回的生态环境的破坏和贻害无穷的公害病使日本政府和企业日后为此付出了极其昂贵的治理、治疗和赔偿的代价。

化学肥料

用化学和（或）物理方法制成的含有一种或几种农作物生长需要的营养元素的肥料，简称化肥。

只含有一种可标明含量的营养元素的化肥称为单元肥料，如氮肥、磷肥、钾肥以及次要常量元素肥料和微量元素肥料。含有氮、磷、钾三种营养元素中的两种或三种且可标明其含量的化肥，称为复合肥料或混合肥料。

化肥的有效组分在水中的溶解度通常是度量化肥有效性的标准。

近代日本经济发展简介

明治维新以后，日本政府推行富国强兵和殖产兴业政策。以轻工业为中心推动工业化与近代化，在股市筹措资金以发展经济。主要的出口货是丝线、火柴、电灯泡等轻工业产品。在这段时期，重工业较不发达，外贸持续赤字。财阀也逐渐兴起。不过由于多次对外战争，日本的外债增加，经济体制面临崩溃。

因为在第一次世界大战中欧洲战场军需激增，日本的经济从中获益很多。重工业在经济地位提高（大战景气）。同时，日本和美国同样转换为债权国。可是，第一次世界大战结束后欧洲军需骤冷使依赖外国市场的日本经济陷入低潮。1923年的关东大震灾等也导致银行信用不佳，1927年发生了昭和金融恐慌。1930年，由于解除黄金出口禁令与世界恐慌等一连串影响，日本经济恶化。

在全世界的经济不景气中取得了跃进的苏联五年计划，日本也受此影响。一些官僚主张加强国家在经济中的角色。第二次世界大战开始时日本经济完全成为国家统制经济，自由主义经济制度崩溃。同时，终身就业与月薪制在这时出现，为日本战后的经济发展奠定基础。

第二次世界大战中，日本的产业受到了毁灭性的打击。日本遭遇严重的通货膨胀。不过在朝鲜战争中，在军需的提振下日本重工业复苏。以 1955 年开始的神武景气作为起点后续的岩户景气、伊弉诺景气接续展开，在制造业为龙头的带动下日本经济快速成长。日本的经济规模，1968 年超过西德的 GDP 成为世界第二位。

水体污染的原因

一条小河从源头开始本事十分清澈，没有污染的，它从山谷流向村庄，由村庄流经工厂，再到城镇。可是，在不停歇的流动中，有的河水却变成了黑色、变成了黄色，有的水面浮起一层泡沫，有的飘着果皮、废纸等垃圾，还有的发出难闻的臭味。这时的水中溶入了大量有害物质，改变了水的原来的成分，清澈的淙淙流水受到了污染。

水体污染是指由排入水体的污染物超过水体的自净能力，使水体的物理、化学性质或生物群落组成发生变化，从而降低或破坏了水体的使用价值，使水体丧失或部分丧失原有功能的现象。

温 泉

水体污染大致可分为自然污染和人为污染两方面。自然污染源指自然界的地球化学异常所释放的物质给水体造成的污染，如温泉将某些盐类、重金属带入地表水，天然植物腐烂使有害物质影响水质等。

人为污染指由于人类活动给水体带来的污染，也是造成水体污染的主要原因。人类活动造成水体污染的污染物来源，主要是工业废水、生活污水和农业污水。通常所说的水体污染问题，是指由于人类的生产和生活活动，把大量废水和废物排入水体，使水质变坏，降低或破坏了水体原有使用价值，使水体丧失原有功能的现象。

水体破坏：日趋加剧

未经处理的工业废水、生活污水、农田排水中含有各种污染物，引起不同程度的水体污染。造成水体污染的物质有很多，其中主要有无毒无机物质、有毒无机物质、无毒有机物质、有毒有机物质、放射性物质、生物污染物质等。

无毒无机物质主要指排入水体中的酸、碱及一般无机盐类。冶金、金属加工、化工、人造纤维、酸性造纸等工业废水，是水体酸性污染物质的主要来源；制碱、制革、炼油、化学纤维、碱法造纸等工业废水，是碱性污染物质的重要来源。酸性、碱性废水相互中和，或它们与地表物质相互作用，均可产生各种无机盐类，因而酸和碱的污染必然伴随着无机盐的污染。

有毒无机物质主要指重金属和氰化物、氟化物等。这类污染物具有强烈的生物毒性，在排入水体或进行农业灌溉后，会影响鱼类、水生生物、农作物的生长和生存，并可通过食物链危害人体健康。

无毒有机物指比较容易分解的碳水化合物、脂肪、蛋白质等。这些物质以悬浮或溶解状态存在于污水中，可通过微生物的生化作用而分解。由于在其分解过程中需要消耗氧，因而被称为需氧污染物。水生生物的生命活动、生活污水和工业废水中均有大量需氧污染物。

污染水体的有毒有机物质种类很多，以酚类化合物、有机农药等最为常见。酚类化合物主要来自炼焦、炼油、煤气、制造酚及其化合物和用酚做原料的工业所排放的含酚废水；水体中有机农药主要是有机氯、有机磷农药和有机汞类农药，来源于农药工业废水及被水冲刷的用药土壤。

炼油厂

随着石油工业及水上运输的发展，油类物质对水体的污染也越来越严重，大面积油污覆盖水面，影响水质及水域功能，破坏景观，危害水生生物，而且油类污染很难及时清除。

水体的放射性污染主要来源于核企业排放的含放射性污染物的废水，也包括固体放射性污染物淋洗进入地表径流，向水体投放的放射性废物，核试验降落到水体的散落物，以及核动力船舶事故泄漏的核燃料。

生物污染物主要来自生活污水，医院、畜牧场、屠宰场污水、肉类加工、制革等工业废水，包括动物和人排泄的粪便中含有的致病细菌、霉菌、病毒、寄生虫以及某些进入水体的昆虫等。

除上述污染物之外，污染水体的还有一种被称为水体热源污染的污染物。水体热源污染主要来源于工矿企业向江河排放的冷却水。其中以电力工业为主，其次是冶金、化工、石油、造纸、建材和机械等工业。

被污染的河流

水体被污染的程度，通常用水质指标来表示，水质指标种类繁多，可分为物理性指标、化学性指标、生物学指标三大类。

物理性水质指标有温度、色度、浊度、电导率、悬浮物等；

化学性水质指标包括pH值、硬度、溶解氧、化学需氧量、生化需氧量等，以及各种氰化物、多环芳香烃、有机磷、氟化物和各种重金属的含量；

生物性水质指标有细菌总数、大肠杆菌数、大肠菌群等。

知识点

碳水化合物

碳水化合物是由碳、氢和氧三种元素组成，由于它所含的氢氧的比例为二比一，和水一样，故称为碳水化合物。它是为人体提供热能的三种主要的营养素中最廉价的营养素。

自然界存在最多、具有广谱化学结构和生物功能的有机化合物。有单糖、寡糖、淀粉、半纤维素、纤维素、复合多糖，以及糖的衍生物。主要由绿色植物经光合作用而形成，是光合作用的初期产物。从化学结构特征来说，它是含有多羟基的醛类或酮类的化合物或经水解转化成为多羟基醛类或酮类的化合物。

延伸阅读

我国水污染现状

经过多年的建设，我国水污染防治工作取得了显著的成绩，但水污染形势仍然十分严峻。2005年，全国废水排放总量为524.5亿吨，工业废水排放达标率为91.2%，城市污水处理率仅为149.8万吨。其中工业废水占39%~35%，城市污水占61%~65%，城市污水已经成为主要的污染源。

根据国家环保局发布的中国环境质量公告，全国七大水系中，珠江、长江水质较好，辽河、淮河、黄河、松花江水质较差，海河污染严重。411个地表水检测断面中，已有59%的河段不适宜作为饮用水水源。

与河流相比，湖泊、水库的污染更加严重。2005年，28个国控重点湖泊及水库中，满足Ⅱ类水质的仅有2个，满足Ⅲ类水质的只有6个；Ⅳ~Ⅴ水质的8个，劣Ⅴ类的竟达12个，即72%的湖泊和水库已不宜作为饮用水水源，43%的湖泊和水库失去了使用功能。

目前全国有25%的地下水体遭到污染，35%的地下水源不合格；平原地区约有54%的地下水不符合生活用水水质标准。据全国118个城市浅层地下水调查，城市地下水受到不同程度污染。一半以上的城市市区地下水严重污染。2005年，全国主要城市地下水污染存在加重趋势的城市有21个，污染趋势减轻的城市14个，地下水水质基本稳定的城市123个，说明地下水的污染应当引起重视。

河流、湖泊及地下水所遭受的污染直接影响到饮用水源，来自国家环保总局的一组最新数据显示，我们的饮用水，50%以上是不安全的。

目前我国农村约有1.9亿人的饮用水有害物质含量超标，城市中污水的集中排放，严重超出水体自净能力，许多城市存在水质型缺水问题。从2001年到2004年，全国共发生水污染事故3988起，平均每年近1000起。2005年发生了松花江水污染事件、珠江北江镉污染事件，沱江污染事件等重大污染事件，在全国乃至国际上造成十分严重的影响。

2005年，远海海域水质保持良好，局部近海域污染严重，Ⅳ类和劣Ⅳ类海水占23.9%。胶州湾和闽江口中度污染，劣Ⅳ类海水占50%；珠江口、辽东湾、渤海湾污染较重，Ⅳ类、劣Ⅳ类海水比例在60%~80%之间；长江口、杭州湾污染严重，以劣Ⅳ类海水为主。

海洋生态环境的恶化

全球约有30多亿人住在沿海地带或离海岸约100千米的范围内。人类在陆地活动中产生的大多数废水和固体废物都排入海洋。大量垃圾、塑料渔具、石油泄漏等，直接造成海洋污染。人类活动破坏了沿海地区的生态系统，如沼泽地、红树林和珊瑚礁。沿海湿地急剧减少，过量捕捞和水质恶化使海洋生物资源迅速减少。

最初的海洋污染只限于在河口和港口，人们把未经处理的污水直接输入大海。渐渐地，这种污染向海洋深处蔓延，甚至影响到公海。

我们常常会看到在美丽的海滨沙滩上，旅游的人们留下各式各样的垃圾，像易拉罐、废纸片等，被海浪冲入海里，便污染了海洋。

大家肯定都喜欢一望无际的湛蓝的海水，要是海面上浮着垃圾，泛着白沫，散发着臭味，谁还会在海里游泳、在海滩上晒太阳呢？然而这种污染只是海洋污染中较轻的一种。大部分海洋污染来自大气污染的沉降，海水吸收了大气中的污染物，自然也就成了污染的海水了。

海洋石油污染

石油泄漏也是海洋污染中非常严重的事件。历史上，最大的海洋污染事件之一发生在1978年3月16日夜，美国标准公司的超级油轮艾莫科·凯迪船舵失去控制，在法国布列塔尼海岸搁浅，造成历史上最严重的油轮溢油事件之一，也是损失最大的事件之一。价值1500万美元油轮和2400万美元的原油泡在海里，原油形成一条宽18海里，长80海里的海上油河，污染了130海里风景如画的海岸。各种海洋生物和各种以海洋生物为生的鸟类中毒死亡。经过反复清污，竟从海中收集了25 000吨原油。

水体破坏：日趋加剧

海湾战争给阿拉伯地区的人民带来灾难，富饶的海岸受到了破坏，海上原油汪洋一片。据统计，大约150万桶到200万桶的原油泄漏，形成了长80千米、宽19千米的油带。海洋生物，如金枪鱼、鲐鱼、沙丁鱼、玳瑁、绿海龟、海豚及海虾、龙虾、贝类等大量减少，有些甚至灭绝。这片原本给阿拉伯人民造福的海域，需要大约几十年的治理才能恢复原貌。

20余年来，发生在我国最大的一次原油泄漏是1989年8月12日的黄岛油库爆炸。油罐因雷击导致爆炸起火，历时104个小时。致使630余吨原油流入海洋，胶州湾130多平方千米的水面受到了污染。海产品损失4500多万元。

海洋是自然的宝库，它蕴藏着无数的宝藏，然而人们在开采这些宝藏时，也同时破坏了海洋环境。比如1969年在美国圣巴巴拉湾的石油污染事件，因开采时其中一个油井石油喷发时压力大，使地层断裂，石油涌入大海，污染了海水。这场石油泄漏经过12天的紧急抢救才逐渐停止，耗费了大量金钱来清除油渍，总计损失达500万美元。

废弃物污染也极大地威胁着海洋环境。世界上最大的一次废弃物污染海洋事件，发生在1986年8月至1988年11月间，桑·安东尼奥号从美国费城开往新加坡的途中，把所载的1.4万吨有毒废弃物焚烧灰倾倒在海洋里，对海洋造成了严重的污染。

工业废弃物排放，是海洋污染的又一污染源。在法国马赛附近有一个铝土矿厂，生产排出的废物通过一条管道输入离海岸两千米长、50米深的深海处，随后这些废弃物沉到2000米深的海底峡谷。日积月累，这片海域350米深水层变成了红棕色（氧化铁的颜色）。鱼类不能在这里生长，海底动物全部死光。

浩瀚蔚蓝的海洋是鱼儿的家园，蕴藏着大量我们人类赖以生存的宝藏。让我们好好珍惜它，不要在制造一个鱼类的坟墓，而人类也会世世代代享受海洋带给我们的宝藏。

知识点

原 油

习惯上称直接从油井中开采出来未加工的石油为原油，它是一种由各种烃类组成的黑褐色或暗绿色黏稠液态或半固态的可燃物质。

地壳上层部分地区有石油储存。它由不同的碳氢化合物混合组成，其主要组成成分是烷烃，此外石油中还含硫、氧、氮、磷、钒等元素。可溶于多种有机溶剂，不溶于水，但可与水形成乳状液。

按密度范围分为轻质原油、中质原油和重质原油。

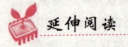

延伸阅读

部分重大海洋污染事件

1967年3月，利比里亚油轮"托雷峡谷"号在英国锡利群岛附近海域沉没，12万吨原油倾入大海，浮油漂至法国海岸。

1978年3月，利比里亚油轮"阿莫科·加的斯"号在法国西部布列塔尼附近海域沉没，23万吨原油泄漏，沿海400平方千米区域受到污染。

1979年6月，墨西哥湾一处油井发生爆炸，100万吨石油流入墨西哥湾，产生大面积浮油。

1989年3月，美国埃克森公司"瓦尔德斯"号油轮在阿拉斯加州威廉王子湾搁浅，泄漏5万吨原油。沿海1300千米区域受到污染，当地鲑鱼和鲱鱼近于灭绝，数十家企业破产或濒临倒闭。这是美国历史上最严重的海洋污染事故。

1991年1月，海湾战争期间，伊拉克军队撤出科威特前点燃科威特境内油井，多达100万吨石油泄漏，污染沙特阿拉伯西北部沿海500平方千米区域。

1992年12月，希腊油轮"爱琴海"号在西班牙西北部拉科鲁尼亚港附近触礁搁浅，后在狂风巨浪冲击下断为两截，至少6万多吨原油泄漏，污染加利西亚沿岸200平方千米区域。

1996年2月，利比里亚油轮"海上女王"号在英国西部威尔士圣安角附近触礁，14.7万吨原油泄漏，致死超过2.5万只水鸟。

1999年12月，马耳他籍油轮"埃里卡"号在法国西北部海域遭遇风暴，断裂沉没，泄漏1万多吨重油，沿海400平方千米区域受到污染。

2002年11月，利比里亚籍油轮"威望"号在西班牙西北部海域解体沉没，至少6.3万吨重油泄漏。法国、西班牙及葡萄牙共计数千千米海岸受污染，数万只海鸟死亡。

2007年11月，装载4700吨重油的俄罗斯油轮"伏尔加石油139"号在刻赤海峡遭遇狂风，解体沉没，3000多吨重油泄漏，致出事海域遭严重污染。

2010年4月，位于美国南部墨西哥湾的"深水地平线"钻井平台发生爆炸，事故造成的原油泄漏形成了一条长达100多千米的污染带，造成严重污染。

红色幽灵：海洋赤潮

"赤潮"，被喻为"红色幽灵"，国际上也称其为"有害藻类"。它是海洋生态系统中的一种异常现象。它是由海藻家族中的赤潮藻在特定环境条件下暴发性地增殖造成的。

国内外大量研究表明，海洋浮游藻是引发赤潮的主要生物，在全世界4000多种海洋浮游藻中有260多种能形成赤潮，其中有70多种能产生毒素。他们分泌的毒素有些可直接导致海洋生物大量死亡，有些甚至可以通过食物链传递，造成人类食物中毒。

世界各国的监测资料显示：过去20多年中，赤潮有恃无恐地在世界各地海域蔓延。它不仅严重破坏了海洋渔业资源和海洋生态系统，而且直接威胁着人类的健康和生命安全。

目前，世界上已有30多个国家和地区不同程度地受到过赤潮的危害，日本是受害最严重的国家之一，仅1966年~1980年的15年间，日本濑户内海发生赤潮竟达2589次，其中1972年因之造成经济损失高达1158亿日元。

近三十余年来，由于海洋污染日益加剧，我国赤潮灾害也有加重的趋势，由分散的少

赤潮

数海域，发展到成片海域，一些重要的养殖基地受害尤重，而且呈日趋严重之势。1982年~1985年中，我国沿海发生赤潮有文字记载的达16次之多。1986年底，福建东山岛居民因食用含赤潮毒素的海鲜，发生一起136人中毒的罕见恶性事故。

2000年我国海域共记录到赤潮28起，累计面积1万多平方千米。到2003年的时候，我国海域发现的赤潮竟达119次，累计面积约14550平方千米。

赤潮何以肆无忌惮地如此逞凶？

长期的气候演变、人类向海洋倾倒垃圾和其他营养型废弃物是主要致因。无以计数的工业排污、毫不节制的海洋资源开发、农业肥料的大量流失以及污染招致的酸雨中的含氮化合物，也是海藻迅速繁衍蔓延的重要营养源。

日趋严重的污染使海水中贮存了大量的氮、磷等营养成分，促进和刺激了海藻的繁殖。这样海藻在海洋生物中占据了绝对竞争优势，截获了阳光，使其他"邻里"饥不择食。海藻故去后又"潜入"海底腐烂，掠夺大量氧气，使其他需氧生物生境更加恶化。

赤潮作祟，遭殃的不只是海洋生态自身，而是整个地球人类。对赤潮的发生、危害予以研究和防治，涉及到生物海洋学、化学海洋学、物理海洋学和环境海洋学等多种学科，是一项复杂的系统工程。这需要全世界人民的共同努力！

浮游藻

浮游藻的藻体仅由一个细胞所组成，所以也称为海洋单细胞藻。这类生物是一群具有叶绿素，能够进行光合作用，并生产有机物的自养型生物。它们是海洋中最重要的初级生产者，又是养殖鱼、虾、贝的饵料。

浮游藻的运动能力非常弱，只能随波逐流地漂浮或悬浮在水中作极微弱的浮动。它们有适应漂浮生活的各种各样的体形，使浮力增加。

海藻的繁殖

藻类虽无花、果、种子等构造来繁衍后代，却有各式各样的生殖方式来适应环境。

在无性生殖方面，有些细胞可以直接一分为二，如水绵，可以断成数段，每段再各自成长为独立个体；有的藻体可以产生许多有鞭毛的孢子，可自由游动，每一孢子成熟后各自长成为一新的个体；在环境不良时，有些藻类可产生厚壁的休眠孢子，等环境适宜时，再萌芽生长成新的个体。

在有性生殖方面，有些藻类可产生雌、雄配子，经由交配后才长成新的个体。

在海藻的一生中，无性生殖与有性生殖常有规则地交替进行，形成复杂的生活史。如我们常吃的紫菜、海带，其生活史具有孢子体及配子体不同生长形态，其孢子体行无性生殖产生孢子，配子体则产生雌、雄配子，行有性生殖，这种不同生活形态交替进行的生活史称为"世代交替"。

蓝藻对湖泊生态的影响

2007年夏天，我国的五湖之一——太湖，发生了严重的蓝藻水污染事件。无锡太湖局部水域在5月29日暴发蓝藻引发无锡城市水危机之后，太湖梅梁湾西部水域，再一次出现蓝藻聚集的现象。

蓝藻又称蓝绿藻，是地球上最早出现的生物之一。常见的种类有色球藻、念珠藻、地木耳、发藻等。蓝藻无真正的细胞核，属于原核生物。蓝藻细胞内含叶绿素，能进行光合作用并放出氧气，放氧是蓝藻与光合细菌的主要不同之处。其含有胡萝卜素、叶黄素、大量的藻蓝素及藻红素等，所以多数蓝藻呈蓝绿色，有的呈红色或黄褐色。

蓝藻生命力极强，可生活在淡水、海水、潮湿的岩石、土壤，甚至树干上；而且在极热、极冷或非常干燥的气候环境中均能生存。有些蓝藻是名贵食品（如发菜），有的蓝藻死后沉积海底形成藻礁，可以作为建筑材料，固

太湖蓝藻事件

氮蓝藻能提高土壤肥力。

但是，蓝藻也会造成危害，在湖水遭到严重有机污染，氮、磷含量超标呈重富营养化状态下，再遇上适宜的温度（气温在18℃左右）等条件，蓝藻就可能暴发疯长。蓝藻其实呈绿颜色，大量浮藻覆盖在水面上像一层黏糊糊的"绿油漆"，专家们为它取了个靓丽的名称——蓝藻水华。

水藻暴发时，水中的溶解氧被蓝藻大量消耗，鱼类等其他水生生物因缺氧而死亡，水体不仅变了颜色，还有臭味。长期如此，湖泊失去了功能，成为死湖。

更为严重的是，蓝藻中有些种类（如微囊藻）还会产生毒素（简称MC），大约50%的绿潮中含有大量MC。MC除了直接对鱼类、人畜产生毒害之外，也是肝癌的重要诱因。

蓝藻暴发成因为富营养化。过量的养分主要来自于以下这些源头：

1. 化肥流失，化肥是很多富营养化区域的主要养分来源，例如在密西西比河流域，67%的氮流入水体，随之流入墨西哥湾，波罗的海和太湖中超过50%的氮也来自化肥的流失。

2. 生活污水，包括人类的生活废水和含磷清洁剂。

3. 畜禽养殖，畜禽的粪便含有大量营养废物如氮和磷，这些元素都能导致富营养化。

4. 工业污染，包括化肥厂和废水排放。

5. 燃烧矿物燃料，在波罗的海中

废水排放

约30%的氮，在密西西比河中约13%的氮来源于此。

无锡水污染事件并不是孤立的事件。近年来我国水污染事件出现频发的态势。国家环保总局的调查显示，自2005年底松花江事件以来，我国共发生140多起水污染事故，平均每两三天便发生一起与水有关的污染事故。

据资料显示，这些年来，数以千计的污染企业在太湖沿岸聚集。尽管太湖治理一直没有停歇，但治理的速度终究赶不上污染的速度。这些污染企业普遍缺乏社会责任感，没有承担起自己的社会责任，只顾追逐企业自身利益，严重破坏了周边的自然环境。

叶绿素

叶绿素是植物进行光合作用的主要色素，是一类含脂的色素家族，位于类囊体膜。叶绿素吸收大部分的红光和紫光但反射绿光，所以叶绿素呈现绿色，它在光合作用的光吸收中起核心作用。叶绿素不很稳定，光、酸、碱、氧、氧化剂等都会使其分解。

叶绿素有造血、提供维生素、解毒、抗病等多种用途。光合作用是通过合成一些有机化合物将光能转变为化学能的过程。

包括绿色植物、原核的蓝绿藻（蓝菌）和真核的藻类。

太湖简介

为太湖流域第一大湖，是我国第二大淡水湖，又是长江中下游五大淡水湖之一。湖面形态如向西突出的新月。湖岸形态，南岸为典型的圆弧形岸线，东北岸曲折多湾，湖岬、湖荡相间分布，以湖岸计算的湖泊面积2427.8平方千米。

太湖中现有51个岛屿，总面积89.7平方千米。因此太湖实际水面面积为 2338.1 平方千米，湖岸线总线 405 千米。平均水深 1.89 米，从湖底地形可见湖盆的地势是由东向西倾斜，湖盆形态呈浅碟形。

太湖是平原水网区的大型浅水湖泊，湖区号称有 48 岛、72 峰，湖光山色，相映生辉，其有不带雕琢的自然美，有"太湖天下秀"之称。无锡山水、常州武进淹城春秋乐园、环球动漫嬉戏谷、苏州园林、洞庭东山和西山、宜兴洞天世界都是太湖地区的著名旅游胜地。

太湖地处江南水网的中心，河网调蓄量大，水位比较稳定，利于灌溉和航运。太湖流域总面积 36500 平方千米，人口 3400 万，以不到全国 0.4% 的国土面积创造着约占全国 1/8 的国民生产总值，城市化水平居全国之首，乡镇工业发达，粮食产量占全国的 3%，淡水鱼业产值也占有较高比重。

太湖平原气候温和湿润，水网稠密，土壤肥沃，是我国重要的商品粮基地和三大桑蚕基地之一，素以"鱼米之乡"而闻名。

1982 年，太湖以江苏太湖风景名胜区的名义，被国务院批准列入第一批国家级风景名胜区名单。

生态恢复水污染的方法

对于水体污染的生态恢复，也有很多方法，归纳起来主要有以下几种：
1. 污水土地处理系统去污。

污水灌溉

污水灌溉作为一种水肥合一、综合利用的重要途径，在国内外已有很久的历史，只是近年才深刻认识到土壤及其生物系统对污水处理的巨大潜力，并作为污水处理系统中的一个重要环节进行深入研究，由常规的污水灌溉发展成污水投配到土地上，通过土壤中生物系统完成一系列的复杂过程，将污水中的污染物去除，使之转化为新的水资源。

污水的土地处理系统不仅具有成本低、效果好的特点，还能利用废水中的营养物质，促进农业生产发展，形成良性循环的农业生态系统。

污水土地处理系统不同于传统的污水灌溉，这表现在：

（1）土地处理系统要求对污水进行必要的预处理，以去除污水中的有毒有害物质，保证长年运行不致对周围环境造成污染。

（2）污水的土地处理系统能够全年连续运行，冬季和非灌溉季节也能进行污水处理。

（3）土地处理系统是按照要求的出水标准进行精心设计的，有完整的工程系统。

（4）土地处理系统的田面上一般不种植粮食作物和蔬菜，一般种植林木、观赏植物和工业原料作物。

污水的土地处理系统有多种形式：

（1）慢速渗滤。指将预处理后的污水进行灌溉，在净化污水的同时，促进农业植物生长。

（2）湿地处理。湿地处理系统是利用天然或人工湿地（如苇地系统）进行污水处理的大规模污水净化工程，是一种运行费用极低的处理方法，我国一些沿海城市如天津、威海等均取得了良好的效果。

（3）地下渗滤。这种方法适合于农村、别墅等分散居住区的生活污水处理，污水从孔管中流出，向土壤表层渗透，水肥被

湿 地

草皮利用，出水清澈透明，在发达国家被广泛采用。污水的土地处理系统一般采用漫灌、地表漫流等方式，也可采用喷灌。

2. 活性污泥法。

活性污泥法由英国人 Adern 和 L0ckett 创建于 1914 年。该方法具有效率高、效果好、实用性强、成本低、处理废水量大、方法比较成熟等优点，一

般日处理在百万吨以上的大污水处理厂都采用这种方法。此法又可分推流式曝气处理和完全混合曝气两种类型。

（1）推流式曝气处理时，废水与活性污泥同时进入曝气池，向前推进，直至池的末端。开始时废水中的有机物浓度高，活性污泥中的细菌处于对数生长期，随水流推进，有机物不断降解，使水中有机物浓度逐渐下降，污泥中细菌进入静止期。最后，到池末有机物被耗尽，细菌转入内源生长期。这种方法活性污泥中的细菌在池中可以经历整个生长周期，因此，净化效果好且稳定。

（2）完全混合曝气法是使原生废水、回流污泥进入曝气池后，立即与池内原有的混合液充分混合，这就使浓废水得到较好的稀释，因此这种处理方法能忍受较大的冲击负荷，充氧也较均匀。但是，由于废水在池内停留的时间较短，细菌始终处于对数生长期，一般情况下处理效果不及推流式。

3. 生物滤池法。

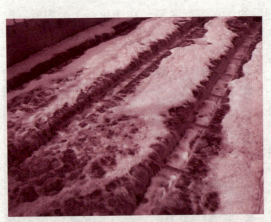

生物滤池法处理废水

生物滤池处理废水已有70多年的历史，近50年来，该方法不断得以改进，出现塔式滤池生物膜转盘、接触氧化、浸没法滤池等多种形式。其基本原理相似，生物膜可以看成附着在填料上的呈膜状的活性污泥。

（1）厌气消化法（即甲烷发酵）处理废水是生物滤池法中重要的一种。在广泛采用活性污泥处理废水的同时，存在一个棘手的问题，就是沉淀池中的污泥出路问题。

另外，对一些高浓度有机废水，如 BOD 高达 104 毫克/升以上的屠宰场废水采用一般活性污泥法是难以处理的。厌气消化法则可解决以上两个问题。

（2）氧化塘处理废水。氧化塘是近年来发展起来的一种方法，这种方法处理废水投资少、设备不多，简单易行，但必须有一块较大的、能充分接受阳光的场地，该法比较适合于在农村使用。在氧化塘中同时进行有机物好氧分解、厌氧消化和光合作用；前两种分别以好氧细菌和厌氧细菌为主进行，后者由藻类和水生植物进行。这三种作用相互协调，所以，氧化塘处理废水实际上是一种菌藻共生的联合系统。

按氧化塘的溶解氧来源和净化效果差异，可分为：

（1）好氧塘。通常水深0.3米~0.5米，阳光能够直射塘底，主要由藻类供氧，全部塘水都呈好氧状态，由好气细菌净化废水。废水一般在好氧塘中停留2天~6天，处理过的水中含有大量藻类，排放前进行沉淀和过滤处理予以去除。

（2）兼性塘。水深1.5米~2.5米，塘内好氧反应与厌氧反应并行，在阳光能够透过的水层，其作用与好氧塘类似，废水在兼性塘中一般停留5天~30天。

（3）厌氧塘。水深2.5米~5米，大水面的浮渣层有保温和防止光合作用的效果，不应人为破碎，以促进厌氧菌的繁殖。厌氧塘的废水停留时间长，一般为30天~50天，且产生臭气，产生的甲烷难于回收利用，多用于废水的预处理，处理过的水再由好氧塘处理。

（4）曝气塘。水深3米~5米，于塘水表面安装浮筒式曝气器，使塘水保持好气状态，并充分混合。废水在曝气塘中一般停留3天~8天，杂质去除率在70%以上。实际上，曝气塘是介于好氧塘与活性污泥法之间的废水处理方法。

氧化塘可以实现废水处理与利用相结合。对于好氧塘和兼性塘，最适宜的利用方法是养鱼、养鸭、种植水生植物。氧化塘养鱼有清水稀释和不稀释两种，稀释氧化塘可按污水与清水1:3~5的比例混合，使水质得以改善，水中溶解氧充足，养鱼效果较好。如附近无水源稀释，可将污水经沉降处理后直接流入氧化塘。无稀释氧化塘有单级塘（预处理后只流入一个池子进行生物处理）和多级塘。

盛放污水的氧化塘

在多级塘中，污水依次流过几个塘进行生物处理，前阶段为厌氧或兼性过程，后阶段为好氧过程。适于养鱼的多级氧化塘一般6级~7级，养鱼塘面积可占氧化塘总面积的30%~50%。

4. 生物监测。

水体污染的生物学监测方法比较多，用水生生物群落的变化、物种类型与个体数量的变化、动态特征、受害程度、水生生物体内富集毒物积累、突变等生态学各不同层次，均可作为监测手段。因毒物或污染物排入水体后水质发生一系列变化，越接近污染源往往污染较严重，但河水有自净能力，随距离增加河水逐渐净化的原理，将水体划分为多污带、α中污带、β中污带等，并存在相应的生物群落，耐污的种类及其数量按以上顺序逐渐减少，而不耐污的种类和数量逐渐增多，建立了污水生物系统。

一般由群落优势的变化可大约推测出水质污染程度的变化。同样，可以采用群落学中的数学方法，如生物指数、多样性指数等加以反映。

湿 地

由于湿地和水域、陆地之间没有明显边界，加上不同学科对湿地的研究重点不同，造成湿地的定义一直存在分歧。

湿地这一概念在狭义上一般被认为是陆地与水域之间的过渡地带；广义上则被定义为"包括沼泽、滩涂、低潮时水深不超过6米的浅海区、河流、湖泊、水库、稻田等"。《国际湿地公约》对湿地的定义是广义定义。

国际湿地公约采用广义的湿地定义，这一定义包含狭义湿地的区域，有利于将狭义湿地及附近的水体、陆地形成一个整体，便于保护和管理。湿地的研究活动则往往采用狭义定义。

延伸阅读

健康水标准

世界卫生组织关于健康水的三项标准：

1. 没有污染的水（称为净水）；
2. 没有退化的水（称为活水）；
3. 符合人体生理需要的水（称为整水）。

世界卫生组织关于健康水的七个条件：

1. 不含任何对人体有害及有异味的物质（净化）；
2. 小分子团水（O17核磁共振半幅宽度100Hz）（小分子团化）；
3. 水的营养生理功能强（即水的溶解力、渗透力、扩张力、乳化力、洗净力、代谢力等）（活化）；
4. PH值呈弱碱性（7.0～8.0）（碱化）；
5. 水的硬度适中（以$CaCO_3$计，介于50mg/L～200mg/L）（软化）；
6. 人体所需矿物质和微量元素的含量及比例适中（矿化）；
7. 水中溶解氧及二氧化碳的含量适度（水中溶解7mg/L）（生化）。

健康水是净水、活水、整水的完全统一、缺一不可。只有这三项标准、七个条件全部达到要求，才能称为健康水。净水是健康水的基础和前提。不干净的水，不能成为健康水。纯净水虽然是干净水，但它太纯了，不含对人体有益的矿物质和微量元素，不是小分子团水和弱碱性水，因此，纯净水是"至清的死水"，也不是健康水。

核污染：不容忽视
HE WURAN BURONG HUSHI

　　核污染主要指核物质泄漏后的遗留物对环境的破坏，包括核辐射、原子尘埃等本身引起的污染，还有这些物质对环境的污染后带来的次生污染，比如被核物质污染的水源对人畜的伤害。其危害范围大，对周围生物破坏极为严重，持续时期长，事后处理危险复杂。如1986年4月，苏联切尔诺贝利核电站发生核泄漏事故，13万人被疏散，经济损失达150亿美元。

　　切尔诺贝利核电站核废料的泄漏对核能的利用产生了巨大的负面作用，世界上许多设计中的核电站纷纷下马、停建。但是，在出现要求大规模限制化石燃料消费、以降低二氧化碳排放量，减缓全球气候变暖的强大呼声的今天，大规模利用核能是替代化石燃料的现实而明智的选择之一。目前核能的发展势头开始回升，因为尽管存在着放射性污染源的潜在危险，但在科学家和经济学家们看来，核能仍不失为一种可选择的清洁的、经济的能源。

广岛原子弹事件

　　1945年秋，进入第二次世界大战后期，日本败局已定。美国政府想尽快

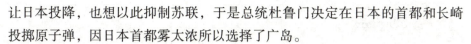

核污染：不容忽视

让日本投降，也想以此抑制苏联，于是总统杜鲁门决定在日本的首都和长崎投掷原子弹，因日本首都雾太浓所以选择了广岛。

在此之前，美国、英国和中国发表了《波茨坦公告》，敦促日本投降。7月28日，日本政府拒绝接受《波茨坦公告》。出于军事和政治的原因，美国政府便按照原定计划，对日本使用原子弹。

根据计划，美军将根据天气情况确定轰炸地点：广岛、长崎或小仓。

广岛，当时是一座陆军之城。它是日本本土防卫军第二总军的司令部所在地，附近还有著名的海军基地，拥有日本第一流的海军造船厂。长崎是日本最重要的造船基地之一。小仓则是日本北九州地区的兵器工业城市。其他备选目标：新潟也是兵器工业城，还是化学工业城。

1945年8月6日早晨8时整，3架B-29轰炸机又从高空进入广岛上空。这时很多广岛市民并未进入防空洞，而是在仰望美机。在此以前，B-29已连续数天飞临日本领空进行训练，但这一次的3架飞机中，有一架已经装上了一颗5吨重的原子弹。此时正奉命来轰炸广岛。

9点14分17秒，那架装载着原子弹的美机上的视准仪对准了广岛一座桥的正中时，自动装置被打开了。60秒钟后，原子弹从打开的舱门落入空中。45秒钟后，原子弹在离地600米空中爆炸，立即发出令人眼花目眩的强烈的白色闪光，广岛市中心上空随即发生震耳欲聋的大爆炸。顷刻之间，城市突然卷起巨大的蘑菇状烟云，接着便竖起几百根火柱，广岛市马上沦为焦热的火海。

原子弹爆炸的强烈光波，使成千上万人双目失明；10亿摄氏度的高温，把一切都化为灰烬；放射雨使一些人在以后20年中缓慢地走向死亡；冲击波形成的狂风，又把所有的建筑物摧毁殆尽。

爆心500米以内的被害者，有90%以上的人当场死亡或当日死亡。500米到1000米以内的被害者，超过60%-70%的人当场死亡或当日死亡。暂时生存下来的人，有50%的人在6天内死亡；过了6天，又有25%的人死亡。

大多数的估计认为在广岛约有7万人立即因核爆而炸死，包含时任广岛市长粟屋仙吉。到1945年年底，据估计因烧伤，辐射和相关疾病的影响的死亡人数，约从9万到14万。还有估计到1950年止，由于癌症和其他的长期并发症，共有20万人死亡。

B-29轰炸机

　　B-29轰炸机，亦称B-29超级堡垒轰炸机，或B-29超级空中堡垒，是美国波音公司设计生产的四引擎重型螺旋桨轰炸机。主要在美军内服役的B-29，是第二次世界大战时美国陆军航空兵在亚洲战场的主力战略轰炸机。它不单是二次大战时各国空军中最大型的飞机，同时也是集各种新科技的先进武器。B-29的崭新设计包括有：加压机舱、中央火控、遥控机枪等等。

　　原先B-29的设计构想是作为日间高空精确轰炸机，但在战场使用时B-29却多数在夜间出动，在低空进行燃烧轰炸。B-29是二次大战末期美军对日本城市进行焦土空袭的主力。向日本广岛及长崎投掷原子弹的任务亦是由B-29完成。B-29在日本因此有"地狱火鸟"之称。二次大战结束以后，B-29仍然服役了一段颇长的时间，最后在1960年才完全退役。B-29的总生产量为3900架左右。

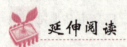

广岛和平纪念公园

　　广岛和平纪念公园位于广岛市街中心、元安川和本川会合点的中岛町。是为纪念1945年8月6日广岛遭原子弹轰炸而建立的公园。

　　原爆圆顶馆原来是广岛工业展览中心，第二次世界大战末期广岛遭到原子弹摧毁，该建筑骨架残骸被保留下来并成为广岛和平公园的一部分。1996年联合国教科文组织将广岛和平纪念碑（原子弹爆炸圆顶屋）作为文化遗产，列入《世界遗产名录》。

　　千羽鹤纪念碑当地人把它叫做原爆之子像，是1958年由日本学生及儿童捐献建成的。目的是纪念那些死于原子弹爆炸的儿童。长圆纪念碑顶端站着一个小女孩塑像，她双手高高托着一只大纸鹤。相传有一个12岁的小女孩

10年前受了原子辐射，后病源发作。她相信根据以往的传说，只要扎完一千只纸鹤便能恢复健康。然而在扎完一千只纸鹤前她去世了。纪念碑下数以万计的五颜六色的纸鹤，是由全国各地的孩子们扎的，每串纸鹤定有一千只，是为了帮助完成小女孩的心愿，也表达儿童们的和平理想。

和平纪念馆是一个长型的建筑物。馆内展品包括当时的文件、遗物、图片及一些模型，根据当时事发的经过而陈设的，努力重现原子弹爆炸可怕的经历，展示它给人们带来的巨大灾害。

广岛和平纪念公园形象地描述了人类历史上首次使用核武器所造成的恐怖。它表达了全人类对和平共同的向往。

核武器原理

我们知道组成世界物质的基本单位是微观粒子——原子，原子是由位于原子中心的原子核和环绕在它周围的电子组成。

原子核的体积相对于原子的体积来说非常小，假如说原子像一个足球场那么大的话，原子核只不过是位于足球场中心的乒乓球而已。虽然体积小但它却占据了原子质量的99%以上，可以忽略地说，原子核的质量就是原子的质量。在原子核外围高速旋转的电子带有负电荷，原子核带正电核，它们的电荷数相等，所以整个原子是不显电性的。

原子核被极强的力包裹着，这种力是宇宙中四种基本力之一，称为"强核力"，简称为"强力"。在强力中存在着两种粒子，它们是组成原子核的质子和中子。

中子不带电，质子带有一个正电荷，所以原子核带多少正电荷，就代表原子核内有几个质子，同时代表原子核外有几个电子。

原子本身的性质是由原子核决定，而归属元素是什么物质则是由质子的数量决定，比如，如果原子核内就一个质子，那么它就是氢，属于氢元素；假如原子核内有一个质子和一个中子，那么它就是重氢，称为"氘"，它仍属于氢元素，但性质与氢却不一样。如果核内有两个质子，那么它就属于氦元素。

20世纪伟大的科学家爱因斯坦发现了相对论，而相对论一个非常著名的

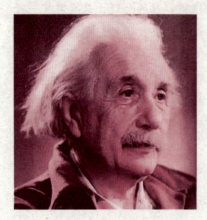

爱因斯坦

推论就是发现了质量和能量的关系,这就是著名的质能方程:$E = mc^2$,E代表能量,m代表质量,c代表光速(30万千米/秒),这也就是说非常小的质量在某种条件下可以等同于非常大的能量,这种转化是需要特定条件的。

虽然原子核是由质子和中子组成,但核的质量并不等于中子的质量加上质子的质量,而是比它们的质量之和小,为什么会这样呢?这是因为质子和中子在组成原子核时,把它们一部分的质量转化成了束缚它们的强力,这也叫"核束缚能",从爱因斯坦的质能方程可以计算出这一束缚能:核束缚能 = $\triangle mc^2$,此处的△m是原子核质量和质子中子质量和的差,而核能正是利用的这个核束缚能。

原子弹爆炸就是利用的核束缚能,当一个自由的中子撞击铀-235时,由于原子核增加了一个中子就变成了铀-236,铀元素在自然界中属于放射性元素,原子核极不稳定,自然界中也形不成铀-236,铀-235在形成铀-236后核极不稳定,随即发生裂变,裂变后成为钡-144和氪-89,同时平均得到2.4个自由中子和215兆电子伏能量以及大量的射线,裂变产生的自由中子再去撞击另一个原子核,另一个核再依此反应,由此便开始了中子碰撞的连锁反应。其中毁灭性的力量主要来自215兆电子伏能量,也就是215亿亿电子伏能量,一个铀原子核的裂变就可得到那么多的能量,一颗原子弹的铀原子何止万亿!

原子弹的原料为什么要用铀-235呢?这是因为铀是放射性元素,原子核是振动且极不稳定的,受到中子的撞击后能迅速的发生裂变并释放大量的能量,而非放射性元素的核是很稳定,受到撞击后不能发生裂变。另一个重要原因是铀-235

原子结构模型

受到撞击后裂变能释放自由中子，启动连锁反应，如果这种反应能维持下去就被称为"临界的"，而铀-235的质量被称为"临界质量"。

原子弹的危害就不只是在爆炸时那一刻，原子弹爆炸后会散落很多的尘埃和碎片，这些的危害比爆炸时释放的能量更可怕，因为它产生危害的时间非常久，长达200年~300年，有的更时间长。这是因为铀-235裂变后产生的新元素依然是放射性元素，它们都要发生裂变，而在自然条件下衰变周期是非常长的，直到它们衰变成非放射性元素为止。

在制造原子弹中关键性的问题是原材料铀-235的浓缩问题，铀元素在地质中分布得非常少，特别是铀-235，如果不能把铀提纯到很高的话，自由中子由于受其他物质阻挡，无法准确撞击原子核，无法开启连锁反应，无法形成"临界质量"。许多国家至今研制不出原子弹的原因大多数是因为铀浓缩的技术达不到要求。

随原子弹之后的大型武器是氢弹，氢弹与原子弹的爆炸原理不同，原子弹是利用的核裂变，通过核裂变把大量的核束缚能释放出来。而氢弹则是利用核聚变，核聚变是模拟太阳内部的变化，通过高能把两个重氢原子核打破重组为一个氦原子核，同时可以获得大量的能量。

开启氢元素的核连锁反应需要的能量非常大，所以只有研制成功原子弹后才能利用原子弹爆炸时所产生的巨大能量开启氢核的连锁反应，这就是要想制造氢弹就必须首先制造出原子弹。

 知识点

电 荷

带正负电的基本粒子，称为电荷。

自然界中的电荷只有两种，即正电荷和负电荷。由丝绸摩擦的玻璃棒所带的电荷叫做正电荷，由毛皮摩擦的橡胶棒所带的电荷叫负电荷。电荷的最基本的性质是：同种电荷相互排斥，异种电荷相互吸引。

延伸阅读

原子发现简史

大约在公元前450年，希腊哲学家德谟克利特创造了原子这个词语，"原子"这一术语在希腊文中是"不可分割"的意思。并且德谟克利特在当时就已经提出原子的概念，认为一切物质都是由不可分割的小微粒——原子——构成，但缺乏科学实验的验证。

1789年，法国贵族拉瓦锡定义了原子一词，从此，原子就用来表示化学变化中的最小的单位。

1803年，英语教师及自然哲学家约翰·道尔顿提出每一种元素只包含唯一一种原子，而这些原子相互结合起来就形成了化合物。

1897年，在关于阴极射线的工作中，物理学家约瑟夫·汤姆生发现了电子以及它的亚原子特性，粉碎了一直以来认为原子不可再分的设想。汤姆生认为电子是平均地分布在整个原子上的，就如同散布在一个均匀的正电荷的海洋之中，它们的负电荷与那些正电荷相互抵消。这也叫做葡萄干蛋糕模型（枣核模型）。

1909年，物理学家卢瑟福根据金铂实验指出：原子中大部分质量和正电荷都集中在位于原子中心的原子核当中，电子则像行星围绕太阳一样围绕着原子核。这就是原子核的核式结构。

1913年，物理学家尼尔斯·玻尔重新省视了卢瑟福的模型，并将其与普朗克及爱因斯坦的量子化思想联系起来，他认为电子应该位于原子内确定的轨道之中，并且能够在不同轨道之间跃迁，而不是像先前认为那样可以自由的向内或向外移动。电子在这些固定轨道间跃迁时，必须吸收或者释放特定的能量。

1916年，德国化学家柯塞尔在考察大量事实后得出结论：任何元素的原子都要使最外层满足8电子稳定结构。

1919年，物理学家卢瑟福在α粒子（氦原子核）轰击氮原子的实验中发现质子。

1926年，沃纳·海森堡提出了著名的测不准原理。这个概念描述的是，对于测量的某个位置，只能得到一个不确定的动量范围，反之亦然。尽管这个模型很难想象，但它能够解释一些以前观测到却不能解释的原子的性质，例如比氢更大的原子的谱线。因此，人们不再使用玻尔的原子模型，而是将原子轨道视为电子高概率出现的区域（电子云）。

1930 年，科学家发现，α 射线轰击铍 -9 时，会产生一种电中性、拥有极强穿透力的射线，最初，这被认为是 γ 射线；1932 年，约里奥·居里夫妇发现，这种射线能从石蜡中打出质子；同年，卢瑟福的学生詹姆斯·查得威克认定这就是中子。

20 世纪 50 年代，随着粒子加速器及粒子探测器的发展，科学家们可以研究高能粒子间的碰撞。他们发现中子和质子是强子的一种，又更小的夸克微粒构成。核物理的标准模型也随之发展。

核试验祸害马绍尔群岛

1945 年 8 月，美国向日本广岛投下第一枚原子弹后，苏联开始加速研制原子弹。4 年后，苏联的第一颗原子弹试爆成功。消息传到美国，引起美国朝野的震惊和不安。一个最明显的事实便是：美国独一无二的核优势已经荡然无存。于是，美国开始研制威力更大的核武器———氢弹，而要研制这种恐怖的武器必须进行一系列的核试验，太平洋上的马绍尔群岛就成了这些核试验的无辜受害者。

早在 1944 年 3 月，美国试爆第一颗原子弹前，就曾为选择试爆场地问题大伤脑筋。最后，哈佛大学的物理学家班布里奇在新墨西哥州的一片被称为"死亡之路"的沙漠中，选出一块地方作为试爆场地。但原子弹爆炸所产生的巨大破坏力却远远超过了研制者的预期，爆炸把方圆 800 米内的沙粒都烧成了翠绿色的玻璃，甚至震碎了 200 千米外的玻璃窗，这让在场的所有人员感到震惊。

美国军方认识到，继续在本土进行核试验，将对美国的环境造成巨大破坏。特别是日本广岛、长崎被炸后的惨状，更让美国人对在国内进行核试验可能带来的后果担心不已。由于今后还要继续进行规模更大、破坏力更强的核试验，于是美国人决定将核试验的危险转嫁到别人身上。1946 年 1 月，美国原子能委员会经过反复酝酿后，最后选定了太平洋上的马绍尔群岛作为新的原子弹试验场。

马绍尔群岛位于太平洋中部,陆地面积181平方千米,它由1200多个大小岛礁组成,分布在200多万平方千米的海域上。在第二次世界大战末期,美国从日本人手中夺取了马绍尔群岛,并将其作为在太平洋上重要的军事据点。由于马绍尔群岛西北部的比基尼环礁和埃尼威托克环礁最为开阔平坦,而且居民较少,美国最终选择了这两个环礁作为核试验场。

1946年2月,美军工程兵开进了比基尼环礁,并开始强迫当地居民搬迁。但美军并没有告诉居民们搬迁的

新墨西哥州原子弹试验场

原因和核试验可能给他们造成的伤害,最终让当地居民付出了重大的代价。

经过近半年的准备,1946年7月1日和25日,美国连续在比基尼环礁进行了两次核爆炸,剧烈的爆炸让散居在周围岛屿上的马绍尔人惊慌不已。

1952年6月,美国氢弹的理论设计全部完成,两个月后,一个约有两层楼高、重达65吨,外形酷似大保温瓶的庞然大物完成总装。10月初,几千名美国科学家、工程师、机械师、陆海军官兵随同这枚邪恶的炸弹一起来到了埃尼威托克环礁。

11月1日凌晨,世界第一枚氢弹"迈克"被引爆。瞬间,比投在广岛的原子弹强500倍的核辐射、冲击波、光辐射……肆虐太平洋上空。远在60千米以外观测氢弹爆炸的科研人员描述说:地球上升起了世界上第一个人造热核太阳。

氢弹的试爆成功,使美国重新取得了核武器领域的优势地位。

世界第一枚氢弹爆炸

核污染：不容忽视

但这一优势并没有保持多久。1953年8月，苏联第一枚氢弹试爆成功，这又深深地刺激了美国，于是美国决定爆炸更大威力的氢弹，马绍尔人真正的噩梦来临了。

1954年3月1日，美国将一颗预测为600万吨TNT当量的氢弹放置在马绍尔群岛比基尼环礁。6时45分许，氢弹在离地面大约两米的地方爆炸。爆炸场景很快让观测人员傻眼了：这绝不可能是600万吨的爆炸当量！因为他们发现，氢弹所在的那个小岛和附近两座小岛在爆炸的一瞬间就从视线中消失了。美军的空中观测飞机发现，原先放置氢弹的地方忽然成了一个大深湖。大湖宽近2千米，深达80米。人们在离爆心220千米远的岛上都可清楚看到亮光。

事后，据美国科学家们测算，这枚氢弹的爆炸当量高达1500万吨，比原先的估计要大2倍多，是广岛原子弹威力的1000多倍。

由于事先没有估计到如此大的爆炸威力，美军没有及时撤离附近的居民和在海上作业的各国渔船，造成了太平洋上最大的核污染事件。其中，致命的永久核污染区近2万平方千米。

氢弹爆炸时，日本渔船"福龙丸"正在200千米外的海域进行捕捞作业，随即传来巨大的爆炸声，接着晴朗的天空纷纷扬扬飘落下"大雪"——放射性污染。不久渔民们都出现了恶心、腹泻、脱发等现象，当这些渔民回到自己的港口时，很多人已经奄奄一息。

事实上，受到辐射的不仅仅是"福龙丸"上的船员，当时在试爆点周围有上百只渔船，附近岛屿的居民也没能幸免于难。让人感到悲哀的是，附近岛上一些无知的孩子看到地面落下多彩的灰尘，觉得好奇，就用手拿着玩。结果，那些孩子受到了无情的辐射。

1955年，美国专家进行了一次调查，结果在接受调查的241名渔民当中，试验当年就有12名渔民死于肝硬化、癌症；一年后，又有61人死于白血病、癌症或肝硬化。

在这次氢弹试验后，忍无可忍的马绍尔人向联合国派出了请愿团，要求美国停止在该群岛的核试验，但是美国却拒绝了他们的要求。直到1958年7月，美国才迫于全世界的压力，停止了在马绍尔群岛的核试验。

据统计，从上世纪40年代到90年代，美国共进行了上千次核试验。其中，仅在马绍尔群岛就进行了67次核试验，而23次在比基尼环礁进行。在

马绍尔群岛

1954年的一年内,马绍尔群岛所属岛屿上就接连爆炸了三颗1000万吨以上当量的核武器。这些核爆炸的放射性散落物飘落到了群岛的其他地区,使许多人都出现了皮肤烧伤、头发脱落、恶心、呕吐等现象,甲状腺疾病和恶性肿瘤也成为当地的常见病。

在这些地区,残留的放射物经历了近60年的风雨,早已经混杂在土壤中,使得当地生产的食品和饮水都成了辐射污染源,人们不得不从外地运来必需的生活用品。

联合国的一个组织曾做过调查,如果真的要彻底清除这些放射性散落物,唯一的办法是把整个岛上的表层搬走。而如果把所有的表土和树木都消除,剩下的就只有沙子,整个岛就成了荒地。试验场内和附近的岛屿核污染更为严重,强烈的辐射让迁走的岛民至今仍无法重返家园。几十年过去了,美国的军舰和试验人员走了,但却给马绍尔群岛和这片广袤的太平洋海域留下了永久的创伤与痛苦。

爆炸当量

爆炸当量又称"黄色炸药爆炸当量",是指炸药的爆炸造成的威力,相当于多少质量单位的黄色炸药(TNT)爆炸所造成的威力相同。质量单位通常以千克或吨来计量,而在核武器的威力衡量上则通常用"万吨"或"兆吨"。由于黄色炸药每单位质量所产生的爆炸程度基本相同,所以以该种炸药作为爆炸当量的参考系。

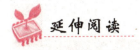

核试验的诊断方法

测量与分析核爆炸的结果,确定核装置的爆炸当量,判明核装置内部核反应的情况,测定核爆炸效应参数等。诊断手段的选择依试验目的与方式而定,通常可分成两大类。

1. 物理测量与分析

(1) 核辐射(瞬发中子、γ射线)与X射线测量。这些射线的强度与爆炸当量有关,它们的能量分布(能谱)随时间的变化(时间谱)和随角度的变化(角分布),能反映核装置的物理特性。测量不同距离上的核辐射,可积累辐射剂量破坏效应的数据并研究其规律。

(2) 光学测量。大气层核试验时,可测量核爆炸火球发展和光辐射(包括紫外线、可见光与红外线)强度随时间的变化,用以估算当量,并提供光辐射破坏效应数据。

(3) 力学测量。测量距爆心不同距离处介质中的冲击波。它可用来测定当量并提供破坏效应的力学数据。

(4) 电磁脉冲测量。用来研究核爆炸的电磁脉冲效应,在一定条件下可判断爆炸类型并粗估当量。

2. 放射化学测量与分析

大气层核试验时,可用携带取样器的飞机或火箭,收集爆炸产物样品或沉降物样品;地下核试验时,采用钻探等方法取样。从样品中分析裂变产物的生成量,可推断裂变当量的大小。分析核装料中各种同位素含量的变化,可得到核装料的燃耗等数据。放射化学测量与分析是测定核爆炸当量较可靠的手段。

此外,核试验时,根据需要还可进行放射性沾染参数的测量和各种杀伤破坏效应的实验与观测。

核能发电与核污染事故

1942年12月2日下午3时20分,世界著名物理学家费米点燃了世界第一座原子反应堆的原子之火以后,人类就进入了利用原子能的时代。

核电是最新式、最干净、最方便、最安全、单位电力成本最低的一种大规模电力资源。核电的发展极快,1954年苏联建成第一座核电站,1957年美国希平坡第一座商用核电站投入运行。

核电站

核电站就是利用一座或若干座动力反应堆所产生的热能来发电或发电兼供热的动力设施。反应堆是核电站的关键设备,链式裂变反应就在其中进行。世界上核电站常用的反应堆有压水堆、沸水堆、重水堆和改进型气冷堆以及快堆等。但用得最广泛的是压水反应堆。压水反应堆是以普通水作冷却剂和慢化剂,它是从军用堆基础上发展起来的最成熟、最成功的动力堆堆型。

核电厂用的燃料是铀。用铀制成的核燃料在"反应堆"的设备内发生裂变而产生大量热能,再用处于高压力下的水把热能带出,在蒸汽发生器内产生蒸汽,蒸汽推动汽轮机带着发电机一起旋转,电就源源不断地产生出来,并通过电网送到四面八方。

从20世纪80年代开始,随着世界经济发展的东移,核电发展已由欧美工业发达国家转向起步较晚的亚洲国家和地区。

迄今为止,人类还只掌握了核裂变——使重元素的原子核发生分裂反应的技术,热中子反应堆和快中子反应堆是目前正在应用的两种核反应堆。根据慢化剂、冷却剂和燃料的不同,热中子反应堆又有轻水堆、重水堆、石墨气冷堆和石墨水冷堆等类型之分。世界上大多数核电站采用的都是热中子反应堆,这是由于这类反应堆比较容易实现和控制。但是,为了追求更加安全和多种用途,美国、德国、瑞典、瑞士、法国、俄罗斯等国都在积极发展低温核供热堆和高温气冷堆。美国还率先在1951年建成世界上第一座快中子增殖堆,目前已建成商业规模的示范堆。

与核裂变所产生的核能相比,受控热核聚变能是前景更加广阔的能源。核聚变的原理是2个或2个以上的轻原子核在超高温条件下聚合成一个较重的原子核,同时释放出巨大的能量。理论上的计算表明,1千克热核聚变燃料释放出的能量为核裂变的4倍。核聚变的另一个优点是不会像裂变堆那样产生大量放射性废物,而且核聚变的原料主要是氢、氘和氚,这是地球上蕴藏量

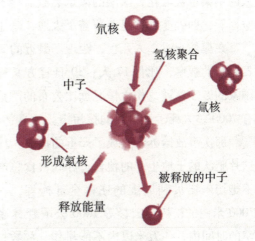

核聚变示意图

最为丰富的几种元素,单就海洋中的氘而论,其含量就有23.4万亿吨之巨,这是一个天文数字。可见,这几乎是人类取之不尽的清洁能源。

虽然人们掌握氢弹已经很长时间了,但到目前为止世界上还没有任何一个国家能建造成"氢聚变核电站",也叫是"热核电站",其最难点就在于原子弹、氢弹是任意的反应,任意的爆炸,但用于民用核能则需要很好的控制反应堆的反应度和能量的导向。因为它模拟的是太阳内部的反应,也有人称之为"人造太阳"。

核聚变能的开发利用目前尚处在研究阶段,然而最近一个时期进展较快。科学家们乐观地预计21世纪中叶其研究成果有望投入商业使用。

从污染角度来看,核电站造成的危害和污染主要是发生在泄漏事故中,如切尔诺贝利核电站事故。

切尔诺贝利核电站位于苏联基辅市以北130千米处,4台机组,总装机容量400千瓦,是苏联当时最大的核电站。

1986年4月,第4号机组按计划停机检查,电站人员多次违反操作规程,导致反应堆能量突然增加,引起石墨燃烧,堆芯熔化,而又缺少有效的控制和保护装置。26日凌晨1点23分,突然,一道红光从核电站上空闪过,

紧接着传来了一声沉闷的爆炸轰响，打破了四周的昏暗和宁静。

随着爆炸声，一条30多米高的火柱掀开了电站4号机组的反应堆外壳，直冲云天，把漆黑的夜空染得通红。2000℃的高温火球迅速烧毁了机房，粗大的钢架也被融化，滚滚的浓烟裹挟着带有高度放射物质的水蒸气和尘埃腾空而起，四处蔓延，迅速覆盖了大地，遮住了天空。

在爆炸当时2人死亡，距现场最近的299人受到大剂量辐射。据5月27日公布的数字，死亡17人；30日官方又宣布有179人送进医院治疗；其他国家的专家估计，伤亡情况远比公布的严重。1992年，乌克兰官方公布，已有7000多人死于该事故的核污染。

那次事故给苏联造成了严重的损失，乌克兰历来被称为苏联的"粮仓"，这片肥沃的土地生产的粮食占苏联粮食总产量的15%，由于这次事故，不得不把切尔诺贝利周围的庄稼全部掩埋，一下子减少2000万吨。距核电站7000米内的松树、云杉等1000公顷森林逐渐死亡。此外，将在长达半个世纪的时间内，一万米以内不能耕作、放牧；在10年内，禁止在10万米范围内生产牛奶。

由于切尔诺贝利核电站的关闭，苏联电力损失将近10%，为了消除污染，清洗了2100万平方米的受污染设备。掩埋了50万立方米的"脏土"，为核电站职工另建了斯拉乌捷奇城，为撤离的居民另建了21万幢住宅。这一切

事故后的切尔诺贝利核电站

损失共计80亿卢布，约合当时120亿美元。

与此同时，整个欧洲也为此付出了惨重的代价。由于放射性烟尘的扩散，瑞典检测到放射性尘埃超过正常数的100倍。使邻近的各国蔬菜不能收割，牛奶不敢食用，露天游泳场和儿童乐园纷纷关闭。

据悉，在事件发生后的7年中，有7000多名现场清理人员死亡，其中三分之一是自杀。

莫斯科研究机构透露，在参加医疗援助切尔诺贝利工作人员中，有40%以上患有精神疾病，包括永久性记忆丧失。有专家指出，切尔诺贝利的悲剧仅仅是开始，因为核辐射的潜伏期长达几十年。

慢化剂

慢化剂，又称中子减速剂。在一般情况下，可裂变核发射出的中子的飞行速度比被其他可裂变核的捕获的中子速度要快，因此为了产生链式反应，就必须要将中子的飞行速度降下来，这时就会使用中子减速剂。

对慢化剂的要求是对中子有较高的散射截面和低的吸收截面。石墨中的碳元素，以及水中的氢元素都能起到慢化作用。因此通常用于热中子反应堆慢化剂的有三种材料：

轻水，是含氢物质，慢化能力大，价格低廉，但吸收截面较大，对金属有腐蚀作用，易发生辐射分解。

重水，吸收截面小，并可为链式反应提供中子；缺点是价格昂贵，还要细心防止泄漏损失、污染和与氢化物发生同位素交换。

石墨的吸收截面低于重水，且价格便宜，又是耐高温材料，可用于非氧化气氛的高温堆中。

此外，还可用碳氢化合物、铍等作慢化剂材料。铍的慢化能力比石墨好，用它作慢化剂可缩小堆芯尺寸，但铍有剧毒、价格昂贵、易产生辐照肿胀，故使用受到限制。

延伸阅读

世界十大核电国家核电站发展概况

1. 美国（核电年发电量7987亿千瓦时）。尽管美国自1979年三里岛核事故发生以来未建设过新的核电站，且核电站提供的电量仅占该国总电量的20%，但美国仍是世界上最大的核电生产大国。

2. 法国（核电年发电量3893亿千瓦时）。法国80%的电能产自19座核电站的58个核反应堆。建于20世纪90年代的克律亚斯核电站是世界上仅有的两座具有隔震系统的核电站之一（另一座位于南非开普敦附近）。

3. 日本（核电年发电量2658亿千瓦时）。世界最大核电站是位于日本西海岸新潟县的柏崎刈羽核电站。核电满足了日本目前三分之一的电能需求。

4. 俄罗斯（核电年发电量1549亿千瓦时）。俄罗斯目前16%的电能来自核电，并计划在2030年将这一比例提高到25%。预计于2013年建成的世界首座浮动核电站——"罗蒙诺索夫号"核电站将会停泊在堪察加半岛附近。

5. 韩国（核电年发电量1404亿千瓦时）。韩国现有21座反应堆，核电在全国发电总量中的比重超过三分之一。按照计划，韩国将在2022年之前建造12座新反应堆。

6. 德国（核电年发电量1282亿千瓦时）。德国大约四分之一的电量来自于核电。对核电站的未来，长期以来一直是德国争论焦点。德国最活跃的地震带位于莱茵河谷一带。几座核电站位于莱茵河附近，其中包括运营时间最长的核电站——比布里斯核电站，它与另外6座老核电站一同计划被关闭。

7. 加拿大（核电年发电量859亿千瓦时）。加拿大商用反应堆共有18座，发电量比重在15%左右。

8. 乌克兰（核电年发电量788亿千瓦时）。切尔诺贝利核电站事故发生25年后，核能仍在乌克兰扮演重要角色，有大约一半的电量由位于4个地区的15座核电站提供。

9. 中国（核电年发电量666亿千瓦时）。我国已投入运营的核电站共有13台机组，但发电量只占发电总量的1%。为了快速提高核能发电的比重，我国在建的新反应堆已超过27座，大部分建在快速发展的东部沿海地区。

10. 英国（核电年发电量657亿千瓦时）。英国目前拥有19座反应堆，

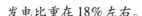
核污染：不容忽视

发电比重在18%左右。

光辐射的危害

在环境污染中，有些污染物质用眼睛可以看见，有些污染物质却难以用肉眼察觉到，甚至五官都感觉不到，只有专门的仪器才能探测到，核污染就是其中一种，人们称之为看不见的恶魔。

核污染主要来自核武器爆炸和核电站的核泄漏。普通炸弹爆炸时，也有很耀眼的火光。但是，由于爆炸释放的能量十分有限，所形成的灼热气体的体积很小，在爆心附近的温度也只有四五千摄氏度，发光时间不过千分之几秒，因而，光辐射这个因素是无足轻重的，它的杀伤破坏作用可以不加考虑。

但是，核爆炸时，情况就大不一样了。核爆炸的能量大，温度高，火球的体积很大，最大直径有几百米，发光的时间可以持续几秒钟之久。因此，光辐射是核爆炸的基本杀伤破坏因素之一。一般说来，它大约占爆炸释放总能量的35%，它的作用仅次于冲击波。空中爆炸时，特别是在晴天的情况下，光辐射的杀伤破坏范围最大。

当核武器在空中爆炸时，弹体中的高能粒子所产生的电磁辐射，几乎都属于"软X射线"范围，它们能够被几厘米厚的空气层完全吸收，使得周围空气的温度很快地上升到几十万摄氏度。因此，在核爆炸的反应区内，除了爆炸气体以外，还有炽热的空气。结果，在反应区内形成了一个高温高压的炽热气团——火球，并且向周围发射光辐射。就整个过程来说，火球所发射的光辐射，包括X射线、紫外线、可见光和红外线几部分。

核爆炸光辐射能量虽然比起普通炸弹要大几千倍，但释放时间不长，它随着爆炸当量的减少而显著减小。例如，当量是100万吨的空中爆炸，光辐射能量的释放时间是12.6秒；当量是10万吨时，只有4.7秒；当量是1万吨时，还不到2秒钟。即使对于大当量的核爆炸来说，火球的整个发光时间，大约10秒左右，但光辐射的大部分能量，基本上都是在前3秒里释放出来的。

核爆炸光辐射的杀伤破坏作用，通常用光冲量这一物理量来衡量。所谓光冲量，是指火球在整个发光时间内，照射到一平方厘米面积上的光辐射能量，这个面积垂直于光辐射的传播方向。它的单位是卡/平方厘米。

那么，光冲量的大小又与什么有关呢？总的来说，它与爆炸当量、爆高、距爆心（或爆心投影点）的距离和大气能见度有密切的关系。通常光冲量与爆炸当量几乎成正比关系。也就是说，当量增加几倍，光冲量也接近于增加几倍。

越靠近地面，空气中所含有的各种气体分子、水蒸气和尘埃越多，空气的密度越大，光辐射被它们削弱得也越严重。所以，光冲量是随着爆高的增减而增减的。目标距离爆心越远，照射到每平方厘米面积上的光辐射能量越少，光冲量也就随着距离的增大而显著减小。

光辐射在传播过程中，还会受到各种不同环境因素的影响，从而使光冲量的大小发生一定的变化。例如，在高地的背面，或者在横向的壕沟、峡谷之中，由于光辐射被部分地或全部地遮蔽，光冲量会显著减小，甚至可能接近于零，但是，由于地面的反射作用，照射到目标上的光辐射将会得到不同程度的增强。

地面复盖物不同，对光辐射的反射作用也是不同的。例如，由森林、草坪以及农作物所复盖的地面，它们的反射作用一般都偏低；沙漠地带的反射作用偏高；而冰雪复盖的地面，反射作用最大。

再就是云层的影响。当核武器在云层上方或云层之中爆炸时，由于云层的反射作用，削弱了光辐射，因此，地面目标的光冲量将会减小；当在云层下方爆炸时，光冲量将会增大。同时，还可能使隐蔽在堑壕、高地背面的人员遭到反射的光辐射的杀伤作用。

受到核爆炸光辐射照射的各类目标，它的表面要吸收、反射和散射一部分光辐射。目标的表面温度立即升高。如果沉积的光辐射能量还有剩余，将会一步一步地逐层加热表面以下的深处，使各深层的温度也有不同程度的升高。当着升高的温度达到或者超过目标物质的熔点或燃点时，就会引起熔化、燃烧或者焦化。结果，使目标遭到破坏。

那么，目标被光辐射破坏的程度，又由哪些因素来决定呢？光辐射照射目标，使它遭到破坏，这是光辐射与目标物质相互作用的结果。在这里，光冲量的大小起着决定性的作用。一般地说，对同一目标，光冲量越大，目标被破坏的越严重；反之，越轻微。

同时，与目标物质的性质关系也极大。

一是与目标的表面颜色、光洁度有关。表面颜色越深或光洁度越差，目标吸收的光辐射能量就越大，光冲量也就越大，目标被杀伤破坏得越严重；

反之，也越轻微。

二是与目标物质的熔点或燃点高低有关。一般地说，熔点、燃点越低，目标被破坏得越严重。例如纸张、棉絮、布匹、干草、木材以及各种油类等，都属于燃点较低的物质，也就是易燃物质。核爆炸时，往往由于这类物质的迅速燃烧，进一步引燃了其他物质。

三是与物质目标的导热性能、温度和厚度等也有明显的关系。

核爆炸光辐射照射到人体时，由于它的高热作用，可以使面向爆炸方向的暴露部位受到各种程度的烧伤。

除了光辐射直接作用于皮肤引起直接烧伤外，还可能因为服装、工事、建筑物或者装备器材等的燃烧而引起间接烧伤。在多数情况下，两类烧伤会综合发生。当人员直视火球时，还能引起视网膜烧伤；强烈的闪光可使人员遭致闪光盲。

此外，当人员吸入高热的空气时，还能够导致呼吸道烧伤。

光辐射对技术兵器或武器装备的木质部分、油漆等可以引起燃烧或焦化；使棉、麻类织物的罩套、盖布以及橡胶轮胎等着火；对油料、弹药和其他物资仓库的危险性也很大。但是，在核爆炸的近区，由光辐射所引起的燃烧或火灾，又可能被随之而来的冲击波所减弱甚至扑面而来的冲击波所减弱甚至扑灭。

知识点

高能粒子

高能粒子是现代粒子散射实验中的炮弹，是研究物质基元结构的最有用的工具。早期的高能粒子来源于天然放射性元素如铀、镭等放出的高能射线。卢瑟福证明原子有核模型的散射实验用的就是镭放出的α粒子。后来的高能粒子源有所扩充，居里夫妇发现了人工放射性，赫斯发现了能量极高的宇宙射线。但从20世纪30年代开始，这些手段已经无法满足实验要求，50年代后，粒子加速器和对撞机等现代大型实验装置应运而生，大批粒子不断被发现。

可以说，到目前为止，高能粒子几乎是粒子物理学家们唯一的工具，没有高能粒子的散射实验，近代物理几乎不会发展起来。

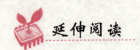

光的研究历史

光的研究在古希腊时代就受到注意，光的反射定律早在欧几里得时代已经闻名，但在自然科学与宗教分离开之前，人类对于光的本质的理解几乎再没有进步，只是停留在对光的传播、运用等形式上的理解层面。

17 世纪，对这个问题已经开始存在"波动学说"和"粒子学说"两种声音：

荷兰物理学家惠更斯在 1690 年出版的《光论》一书中提出了光的波动说，推导出了光的反射和折射定律，圆满的解释了光速在光密介质中减小的原因，同时还解释了光进入冰洲石时所产生的双折射现象。

而英国物理学家牛顿则坚持光的微粒说，在 1704 年出版的《光学》一书中他提出，发光物体发射出以直线运动的微粒子，微粒子流冲击视网膜就引起视觉，这也能解释光的折射与反射，甚至经过修改也能解释格里马尔迪发现的"衍射"现象。

19 世纪，英国物理学家麦克斯韦引入位移电流的概念，建立了电磁学的基本方程，创立了光的电磁学说。

20 世纪，量子理论和相对论相继建立，物理学由经典物理进入了现代物理学。1905 年美国物理学家爱因斯坦提出了著名的光电效应，认为紫外线在照射物体表面时，会将能量传给表面电子，使之摆脱原子核的束缚，从表面释放出来，因此爱因斯坦将光解释成为一种能量的集合——光子。

1925 年，法国物理学家德布罗意又提出所有物质都具有波粒二象性的理论，即认为所有的物体都既是波又是粒子，随后德国著名物理学家普朗克等数位科学家建立了量子物理学说，将人类对物质属性的理解完全展拓了。

贯穿辐射的危害

核爆炸时，以核辐射的形式释放大约 15% 的总能量。核辐射是核爆炸不同于普通炸弹爆炸的独有特性。它是由人眼看不到的、也感觉不到的 α 射线、β射线、γ射线和中子流所组成的。

通常把核辐射分为两大部分。

第一部分叫早期核辐射，这是指在核爆炸后的第一分钟里，穿过大气传播到地面上的那些核辐射。但是，α射线和β射线的穿透能力差，它们很快被大气吸收掉，传播不到地面就消失了。所以，早期核辐射实际上只包括γ射线和中子流。由于它们具有较强的穿透能力，习惯上把早期核辐射又叫做贯穿辐射。

第二部分是一分钟以后的那部分核辐射，也就是剩余核辐射，习惯上又把它叫做放射性沾染。

射线本身是一种直线运动的高能快速粒子流，这种粒子小得无可比拟。可以打个粗略的比喻，如果一个α粒子放大成普通沙粒一样的大小，那么，一克重的α粒子，就可以在相当于四川省那样大的面积上铺上300米厚的沙层！β粒子比α粒子还要小一万倍，γ光子更要小得多。

这三种射线都具有一定的穿透能力。α射线穿不透普通的纸张、衣服和人的皮肤；β射线也只能穿透几米厚的空气层或者几毫米厚的金属薄片；γ射线的性质和医院里透视用的x光相似，但它的穿透能力却要大得多，要用一米厚的混凝土层或者几厘米厚的铅层才能挡住它。可见，这三种射线在物质中的穿透能力，相差悬殊是非常大的。

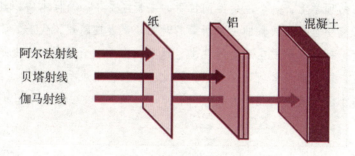

三种射线贯穿能力示意图

核爆炸贯穿辐射对人员的杀伤作用大小，用辐射剂量或剂量率来衡量。它的大小与武器威力、爆炸方式以及距爆心（或爆心投影点）的距离有关。空爆时的剂量（或剂量率），要比地爆时小，特别是中子流的剂量更小，基本上只剩下了动能较低的慢中子。剂量（或剂量率）随着当量的增减而增减,但随着距爆心距离的增大而减小。

贯穿辐射的作用时间又是怎样呢?核爆炸瞬间所产生的中子流,以及空气中氮分子吸收这些中子后所产生的γ射线,作用时间都不到半秒钟。至于裂变产物所产生的γ射线和中子流,它们的作用时间虽然要长一些,但由于这些裂变产物的半衰期多数比较短,衰变得快,而且随着火球和烟云的不断上升,它们对地面的作用时间,至多也不过10秒~15秒。

事实上,由于自然界里宇宙射线和天然放射性的存在,人们每天都要受到一些射线的照射。不过因为这一类射线到达地面时已经很弱,或者说它们的剂量(或剂量率)很小,对人们的健康称不上什么损害。

但是核爆炸时,所放射的贯穿辐射——γ射线和中子流却要强得多。因此,当它们照射到人体上而且穿透肌体组织之后,会造成一种特殊的杀伤。这种杀伤作用的主要原理,可以用贯穿辐射与肌体组织的细胞原子之间相互作用,而引起细胞原子的电离来加以说明。

半衰期

在物理学上,一个放射性同位素的半衰期是指一个样本内,其放射性原子衰变至原来数量的一半所需的时间。半衰期越短,代表其原子越不稳定,每颗原子发生衰变的几率也越高。由于一个原子的衰变是自然地发生,即不能预知何时会发生,因此会以几率来表示。

每个原子衰变的几率大致相同。

α、β、γ射线的发现

卢瑟福1898年发现铀和铀的化合物所发出的射线有两种不同类型:一种是极易吸收的,他称之为α射线;另一种有效强的穿透能力,他称之为β射线。后来法国化学家维拉尔又发现具有更强穿透本领的第三种射线γ射线。由于组成α射线的α粒子带有巨大能量和动量，就成为卢瑟福用来打开原子大门、研究原子内部结构的有力工具。

卢瑟福用镭发射的α粒子作"炮弹"，用"闪烁法"观察被轰击的粒子的情况。1919年，终于观察到氮原子核俘获一个α粒子后放出一个氢核，同时变成了另一种原子核的结果，这个新生的原子核后来被证实为是氧17原子核。这是人类历史上第一次实现原子核的人工嬗变，使古代炼金术士梦寐以求的把一种元素变成另一种元素的空想有可能成为现实。

放射性沾染的危害

普通炸弹爆炸时，用不了一分钟，杀伤破坏作用就会消失。为了不误战机，战斗人员可以马上穿越弥漫的硝烟，安全无恙地从爆炸地点冲杀过去。

核爆炸时，不到一分钟的时间，它的瞬时杀伤破坏作用，如光辐射和贯穿辐射的作用，也一阵风似的过去了。那么，战斗人员是否也可以马上安全无恙地通过爆心（或爆心投影点）附近的区域呢？

应当说在一般情况下是不可以的。这是为什么呢？因为核爆炸后，爆炸区域被放射性物质沾染了，会对人员造成放射性伤害。虽然这种杀伤看不见，但它的作用时间，比起贯穿辐射来要长得多，可以长达几小时、几天，甚至一二十天之久，好比潜伏的敌人。所以，在一段时间里，被污染的地区就成了"禁区"。当然，这也不是绝对的情况。有时在安全剂量允许的条件下，战斗人员依然可以迅速通过。

通常，我们把放射性物质对空气、地面、水以及其他物体造成污染的现象，叫做放射性沾染。原子爆炸的放射性沾染，约占爆炸总能量的10%，是不容忽视的杀伤破坏因素之一。

那么在"禁区"里的那些放射性物质，究竟都是些什么东西呢？它们由三部分组成。

第一部分是核炸药裂变以后所产生的大量核裂变"碎片"。它们之中包含了200多种不同半衰期的放射性同位素。其中大部分是金属元素，如钼、钡、锶等；还有一些是非金属元素，如碘、碲等。另外还包括一些放射性气体，如氪、氙等。这些"碎片"的半衰期，最短的只有几秒钟，最长的有几十年。它们多数放射α射线。核裂变"碎片"是造成放射性沾染的主要因素。

第二部分是核炸药中没有来得及参加核反应就被炸散的那一部分，也就是铀或钚等。它们的半衰期特别长，都在几万年以上。它们放射α射线，在放射性沾染中处于次要的地位。

第三部分是核爆炸产生的感应放射性物质，它是指土壤、水或其他物质中的钠、锰、铝、铁等元素，以及空气中的氮分子等，在受到贯穿辐射中的中子流的作用以后，所形成的那些放射性同位素，放射β射线和γ射线。它们的半衰期都比较短，例如形成地面感应放射性的主要同位素锰和钠，半衰期各为2.58小时和14.8小时。它们在核爆炸以后不太长的时间内，在放射性沾染中占据着重要的地位。

和贯穿辐射一样，放射性沾染对于暴露人员有一定的伤害作用；对各种武器装备、物资器材等，除照相材料和光学玻璃外，没有什么破坏作用。

放射性沾染对人员的伤害，一般是通过三种途径进行，也就是体外照射、体内照射和皮肤沾染。

所谓体外照射，是指核爆炸后，沾染在地面、物体等表面的放射性物质。它们所放射的射线，直接照射到人体上。其中穿透能力强的γ射线对人体的危害性最大，其次是β射线。

当人员在沾染地区行动时，如果受到过量的γ射线从体外照射，也会像贯穿辐射时那样，患上放射病，并且二者的症状基本相同。但也有不同的地方，一是由于放射性沾染的持续时间长，它的杀伤作用不仅可能由一次照射所引起，也可能由多次照射所引起；二是在放射性沾染中没有中子流的作用。

当沾染有放射性物质的空气、水或者食物，通过人员的口、鼻进入体内；或者通过沾染了的伤口、烧伤的皮肤或者眼结膜等侵入体内时，射线照射人体内部组织可以引起杀伤，这叫做体内照射。侵入体内的放射性物质，有一部分还会排出体外，但有一部分将要积存于各种组织和器官内，长期发生作用。尤其当侵入肺部和伤口时，很快渗入血液内，遍及全身，很少有排出体外的机会。因此，体内照射对人员危害极大。

在放射性沾染中，大多数放射性物质都放射β射线。虽然β射线的穿透能力远不如γ射线，但它的电离能力却相当强，它穿过1厘米空气时约可产生40个~300个离子对，而γ射线却平均只能产生1个~2个离子对。因此，放射性物质一旦进入体内，β射线就成为体内照射的主要因素；同时，β放射性物质的半衰期都很长，使得它们能够长期地留在体内。

如果暴露人员的皮肤、服装沾染了放射性物质，或接触了严重沾染的武器装备或其他物体，也都可能由β射线引起皮肤表面的烧伤。

同位素

同位素是具有相同原子序数的同一化学元素的两种或多种原子之一，在元素周期表上占有同一位置，化学行为几乎相同，但原子量或质量数不同，从而其质谱行为、放射性转变和物理性质（例如在气态下的扩散本领）有所差异。

自然界中许多元素都有同位素。同位素有的是天然存在的，有的是人工制造的，有的有放射性，有的没有放射性。

同一元素的同位素虽然质量数不同，但它们的化学性质基本相同。

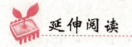

脏　弹

脏弹又称放射性炸弹，是通过引爆传统的爆炸物如黄色炸药等，通过巨大的爆炸力，将内含的放射性物质，主要是放射性颗粒，抛射散布到空气中，造成相当于核放射性尘埃的污染，形成灾难性生态破坏的"辐射散布"炸弹。

脏弹与传统的核武器不同，爆炸过程非常简单。将爆炸物用球状或粉末状的钴-60、铯-137或锶-90等放射性物质包裹起来，就制成了所谓的"脏弹"。

脏弹可以造成人员的伤亡。根据炸弹中含有的放射物质、引爆炸药以及

爆炸时风速的大小和撤离速度，脏弹的致命程度各有不同。脏弹释放的辐射量虽然很小，但辐射尘埃会扩散到几个街区上空。依赖于爆炸效果，一颗脏弹可能会比一颗常规炸弹致死和致伤的人数要多。

此外，辐射会导致人产生恶心、呕吐和血液问题等辐射病，并可能致癌。环境中辐射水平超过正常1000倍的话，就能将80%的人杀死，而且受到袭击的地区限制人们进入的时间可能会长达几个月。

核辐射与生物变异

1986年4月25日，苏联乌克兰共和国基辅北部的小城切尔诺贝利核电站的4号反应堆发生了爆炸。在泄漏事故发生两年之后，人们惊奇地发现，原来娇小可爱的青蛙竟然长到了好几斤、甚至几十斤那么大，而且叫声惊人，把人着实吓了一跳。在这一地区生活的老鼠、鱼类等，也发生了极大的变化。研究表明，这些生物体内的基因组织在强核辐射下，发生了严重的变异。

1920年至1932年，美国赫尔曼·马勒通过实验证明，X射线可以使果蝇基因突变发生率成百倍地增长。他因此获得1946年诺贝尔医学奖。赫尔曼·马勒的研究表明，X射线可以干涉RNA在基因编码上的选择，任何一种放射性物质都会引起生物基因的突变。

"生物在环境污染下可以发生变异"，这个结论，使我们对神话中某些奇怪的动物有了新的看法。

《淮南子·本经训》记载有猰貐、凿齿、九婴、大风、封豨、修蛇等6种怪物，长期以来，研究者一直不知道突然出现在古史中的6种怪物究竟是什么，因为古史本身记载就很乱，《山海经》中有时把这些怪物解释成古神。

现在的学者中间分歧很大，有的人认为，这是六种自然灾害，比如，大风就是飓风一类的自然灾害；有些学者认为，这是些不友好的氏族部落的图腾，"大风"可能是以凤为图腾的部落，"修蛇"族可能是将蛇奉为图腾的部落。但图腾说并不能解释以上所有六种怪物，比如，"凿齿"就不能解释为图腾，有的学者说，所谓的"凿齿"部落是指该部落的人在成年以后要将门牙敲下几颗，表示一种美。

核污染：不容忽视

切尔诺贝利核电站泄漏事件以后，导致有些动物基因发生变异的结论启发了我们：我国古史中所记载的6种怪异动物，很可能是强核辐射污染下基因变异的猛兽。由于基因变异，有一些我们常见的动物，像蛇、鸟、猪等体态发生了巨大的变化，没有办法再用从前的名称来表达，只好发明了6种怪模怪样的称呼。这些变异的动物给人类带来过某种危害，加之出现得突然，给人类留下了深刻的印象，所以用神话的形式保留了下来。

大家试想一下，假如在我们的生活周围，一只兔子突然长得像牛一般大，那么你会怎样称呼它呢？兔子这个词显然不能代表眼前这个怪物，而且也容易和人们脑海中原来的兔子概念搞混了，所以我们必须发明一个新的词汇，而这个词必须突出这个东西的最大特点，于是我们只好将它称为大兔或巨兔了，甚至我们都可以叫它象兔——像大象一样的兔子。

还有一个现象值得注意，古史中所记载的6种怪物只出现在一个时期内，以后再无类似的记载，看来在核辐射下发生变异的动物基因并不稳定，也许只能保留一代或几代，而不能作为稳定的遗传基因传给下一代，创造出一个新的物种。这一推测还有待科学的研究证实。

知识点

《山海经》

《山海经》是先秦古籍，是一部富于神话传说的最古老的地理书。全书现存18篇，据说原共22篇约32650字。共藏山经5篇、海外经4篇、海内经5篇、大荒经4篇。

《山海经》主要记述古代地理、物产、神话、巫术、宗教等，也包括古史、医药、民俗、民族等方面的内容。

除此之外，《山海经》还以流水账方式记载了一些奇怪的事件，对这些事件至今仍然存在较大的争论。最有代表性的神话寓言故事有夸父逐日、女娲补天、精卫填海、鲧禹治水等。

延伸阅读

基因的应用

1. 生产领域：人们可以利用基因技术，生产转基因食品。例如，科学家可以把某种肉猪体内控制肉的生长的基因植入鸡体内，从而让鸡也获得快速增肥的能力。

2. 军事领域：生物武器已经使用了很长的时间。细菌、毒气都令人为之色变。但是，现在传说中的基因武器却更加令人胆寒。

3. 环境保护：我们可以针对一些破坏生态平衡的动植物，研制出专门的基因药物，既能高效地杀死它们，又不会对其他生物造成影响，还能节省成本。

4. 医疗方面：随着人类对基因研究的不断深入，发现许多疾病是由于基因结构与功能发生改变所引起的。科学家将不仅能发现有缺陷的基因，而且还能掌握如何进行对基因诊断、修复、治疗和预防。

所谓基因治疗是指用基因工程的技术方法，将正常的基因转入病患者的细胞中，以取代病变基因，从而表达所缺乏的产物，或者通过关闭或降低异常表达的基因等途径，达到治疗某些遗传病的目的。

5. 基因工程药物：广义地说，凡是在药物生产过程中涉及用基因工程的，都可以成为基因工程药物。在这方面的研究具有十分诱人的前景。

基因工程药物研究的开发重点是从蛋白质类药物，如胰岛素、人生长激素、促红细胞生成素等的分子蛋白质，转移到寻找较小分子蛋白质药物。这是因为蛋白质的分子一般都比较大，不容易穿过细胞膜，因而影响其药理作用的发挥，而小分子药物在这方面就具有明显的优越性。另一方面对疾病的治疗思路也开阔了，从单纯的用药发展到用基因工程技术或基因本身作为治疗手段。

4. 加快农作物新品种的培育：科学家们在利用基因工程技术改良农作物方面已取得重大进展，一场新的绿色革命近在眼前。这场新的绿色革命的一个显著特点就是生物技术、农业、食品和医药行业将融合到一起。

5. 分子进化工程的研究：它通过在试管里对以核酸为主的多分子体系施以选择的压力，模拟自然中生物进化历程，以达到创造新基因、新蛋白质的目的。这需要三个步骤，即扩增、突变和选择。扩增是使所提取的遗传信息 DNA 片段分子获得大量的拷贝；突变是在基因水平上施加压力，使 DNA 片段上的碱基发生变异，这种变异为选择和进化提供原料；选择是在表型水平上通过适者生存、不适者淘汰的方式固定变异。这三个过程紧密相连缺一不可。

核污染处理

核污染是指由于各种原因产生核泄漏甚至爆炸而引起的放射性污染。其危害范围大，对周围生物破坏极为严重，持续时期长，事后处理危险复杂。

随着社会经济的发展，人口的不断增长，在生产和生活过程中产生的废弃物也越来越多。这些废弃物的绝大部分最终直接或间接地进入海洋。当这些废物和污水的排放量达到一定的限度，海洋便受到了污染。

诸如海洋油污染、海洋重金属污染、海洋热污染、海洋放射性污染等等。受到污染的海域，会造成损害海洋生物，危害人类健康、妨碍人类的海洋生产活动、损害海水使用质量、造成优美环境的破坏等。

核辐射污染是没有国界的，2011 年 3 月日本福岛核电站发生泄漏事故后，部分国家在水中发现了来自日本的放射物，整个世界都不可避免地受到影响。

美国公布的数据显示，爱达荷州的博伊西以及华盛顿州里奇兰的饮用水样品中发现碘-131，辐射剂量约为每升水 0.0074 贝克勒尔。

地震海啸引发福岛核电站核泄漏事故

首先，海水的污染危及他国。受海洋潮流的影响，高浓度污染水正在向核电站北侧海域扩散，将对北海道和周围海域构成威胁。

其次，饮用污水或引发各种疾病。喝了受污染的地下水或吃了受污染食品，放射性元素将沉积在人体内，从而引发各类疾病。

最后，辐射威胁海洋动物生存。纽约莱曼学院海洋与江河口研究所负责人约瑟夫·拉什林表示，海水中的辐射能够以一系列方式威胁海洋动物的生存，放射性物质可直接导致海洋动物死亡，后代发生基因变异或者污染它们的食物链。对海洋生态环境将造成不可挽回的破坏。

自然界中，水循环是一个全球性的过程，而放射性元素基本都不具有挥发性。核废水的来源也是多样的，核事故仅仅是其中一部分。核电站在正常运行过程中，甚至清洗接触放射性物质的工作服装，也都会产生核污染的废水。

为了不给自然环境增添负担，人类已研发出多种较为成熟的处理核废水技术。根据资料显示：在核电站，由于处理废水的量大、放射性物质浓度较高，都建有专门的放射性污水处理系统，其常用的工艺是蒸发和过滤。

前面提到过，废水中的大多数放射性元素都不具有挥发性，利用这一特性，科学家对废水进行加热令其蒸发，再将留下的无法蒸发的放射性物质作浓缩处理。这个方法有两个优点，其一，核电站运行过程中本身就有很多无用的废热，加热废水不会多耗能源；其二，蒸发法基本不需要使用其他物质，不会像其他方法因为污染物的转移而产生其他形式的污染物。

另一种方法是过滤法，原理类似我们日常生活中使用的净水器。在废水流经的管道中安放了专门用来吸附放射性物质的树脂，这样水流走了，放射性物质留在树脂中。过一段时间，树脂吸附"饱"了，可以换上新的树脂。而吸满了放射性物质的树脂可以通过压缩等方法减小体积，收集后浇筑水泥密封，若树脂中放射性强度不高，放入铁桶密封也行。

提到核废料，极少有人知道它处理的难度，这也是造成公众对核电站抱无所谓态度的主要原因。

核废料不同于废电池，统一收集密闭封存就可以高枕无忧了。

核废料是核物质在核反应堆（原子炉）内燃烧后余留下来的核灰烬，具有极强烈的放射性，而且其半衰期长达数千年、数万年甚至几十万年。也就是说，在几十万年后，这些核废料还能伤害人类和环境。所以如何安全、永久地处理核废料是科学家们一个重大的课题。

科学家们说，安全、永久地处理核废料有两个必需条件：首先要安全、永久地将核废料封闭在一个容器里，并保证数万年内不泄漏出放射性。科学家们为达到这个目的，曾经设想将核废料封在陶瓷容器里面，或者封在厚厚的玻璃容器里面。

但科学实验证明，这些容器存入核废料在100年以内效果还是很理想。但100年以后，容器就经受不住放射线的猛烈轰击而发生爆裂，到那时，放射线就会散发到周围环境中，后果不堪设想。

其次，要寻找一处安全、永久存放核废料的地点。这个地点要求物理环境特别稳定，

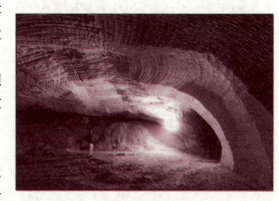

核废料填埋场

长久地不受水和空气的侵蚀，并能经受住地震、火山、爆炸的冲击。

科学家们实验证明，在花岗岩层、岩盐层以及粘土层可以有效地保证核废料容器数百年内不遭破坏。但数百年后，这些存放地点会不会发生破坏是无法预料的。

目前，核废料的处理，国际上通常采用海洋和陆地两种方法处理核废料。一般是先经过冷却、干式储存，然后再将装有核废料的金属罐投入选定海域4000米以下的海底，或深埋于建在地下厚厚岩石层里的核废料处理库中。美国、俄罗斯、加拿大、澳大利亚等一些国家因幅员辽阔，荒原广袤，一般采用陆地深埋法。为了保证核废料得到安全处理，各国在投放时要接受国际监督。

基因变异

在一定的条件下基因也可以从原来的存在形式突然改变成另一种新的存在形式，就是在一个位点上，突然出现了一个新基因，代替了原有基因，这个基因叫做变异基因。于是后代的表现中也就突然地出现祖先从未有的新性状。

基因变异的后果除形成致病基因引起遗传病外，还可造成死胎、自然流产和出生后夭折等，称为致死性突变；当然也可能对人体并无影响，仅仅造成正常人体间的遗传学差异；甚至可能给个体的生存带来一定的好处。

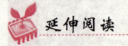

延伸阅读

核动力卫星事故

1978年1月24日，苏联"宇宙"954号核动力卫星发生故障，核反应堆舱段未能升高而自然陨落，未燃尽的带有放射性的卫星碎片散落在加拿大境内，造成严重污染。

1983年1月"宇宙"1402号核动力卫星发生类似故障，核反应堆舱段在南大西洋上空再入大气层时完全烧毁。

美国在1965年发射的一颗军用卫星中，用反应堆温差发电器作为电源，由于电源调节器出现故障仅工作43天。以钚238放射性同位素作热源的同位素温差发电器，曾用于"子午仪"号导航卫星，"林肯"号试验卫星和"雨云"号卫星。这些卫星经过长时间的空间运行后，放射性同位素衰变殆尽，再入大气层烧毁。

美国在1964年4月发射"子午仪"号导航卫星时，因发射失败卫星所携带的放射性同位素源被烧毁，钚238散布在大气层中并扩散至全球。后来改用特种石墨作同位素源外壳，以防烧毁。

1968年5月"雨云"号气象卫星发射失败时，核电源落入圣巴巴拉海峡，后被打捞上来。

核污染：不容忽视

生物圈危机：愈演愈烈
SHENGWUQUAN WEIJI YUYANYULIE

生物圈是指地球上凡是出现并感受到生命活动影响的地区，是行星地球特有的圈层。它也是人类诞生和生存的空间，是地球上最大的生态系统。这个圈层里面生活着千万种动物、植物、微生物，它们是重要的生态资源，其存在于生态系统中已有非常长久之历史，对维持生态平衡之功能，具有关键性之影响。自古至今，人类依这些生物生存，其不仅提供人类食物、衣料、医药、科学研究及装饰品之来源，也是人类精神、文明及野外休闲、自然观察之对象。

地球上的生命都是由共同的祖先经过漫长的地质年代逐渐进化而来的，人类同所有的生物一样是生命大家庭中的一员，同其他生物都有着某种或远、或近的近缘关系。但是人类文明不到五千年，工业革命不到六百年，它给生命世界带来的灾难，却比以前几千万年的总和还要大。

■ 生物群落的概念

生物群落是生态学研究对象中的一个高级层次，具有个体和种群所不能包括的特征和规律，是一个生态系统中具有生命的部分，正是生物群落在地貌类型繁多的地球表面上有规律的分布，才使地球充满生机。

生物群落是一有机整体

生物群落是指在特定的时间、空间或生境下，具有一定的生物种类组成、外貌结构（包括形态结构和营养结构），各种生物之间、生物与环境之间彼此影响、相互作用，并具特定功能的生物集合体。也可以说，一个生态系统中具有生命的部分，即生物群落，它包括植物、动物、微生物等各个物种的种群。

生态学家很早就注意到，组成群落的物种并不是杂乱无章的，而是具有一定的规律的。早在1807年，德国地理学家 A. Humboldt 首先注意到自然界植物的分布是遵循一定的规律而集合成群落的。1890年丹麦植物学家 E. Warming 在其经典著作《植物生态学》中指出，形成群落的种对环境有大致相同的要求，或一个种依赖于另一个种而生存，有时甚至后者供给前者最适之所需，似乎在这些种之间有一种共生现象。

另一方面，动物学家也注意到不同动物种群的群聚现象。1877年，德国生物学家 K. Mobius 在研究牡蛎种群时，注意到牡蛎只出现在一定的盐度、温度、光照等条件下，而且总与一定组成的其他动物（鱼类、甲壳类、棘皮动物）生长在一起，形成比较稳定的有机整体。Mobius 称这一有机整体为生物群落。

生物群落中的物种之间、生物与它们所处的环境之间存在着相互作用和影响。生物群落是一个经过生境选择的功能单位，作为一种能够自我调节和自我更新的作用机构，它们处在为了空间、养分、水分和能量而竞争的动态平衡之中，每种成分都作用于所有其他成分，并以生境、产量以及一切生命现象在外观与色彩和时间进程方面的协调一致为特征。

从上述定义中可知，一个生物群落具有下列基本特征：

1. 具有一定的物种组成。每个群落都是由一定的植物、动物或微生物种群组成的。因此，物种组成是区别不同群落的首要特征。一个群落中物种的多少及每一物种的个体数量，是度量群落多样性的基础。

2. 不同物种之间的相互作用。生物群落是不同生物物种的集合体，但不是说一些种的任意组合便是一个群落。一个群落的形成和发展必须经过生物对环境的适应和生物种群之间的相互适应。哪些物种能组合在一起构成群落，取决于2个条件：①必须共同适应它们所处的无机环境；②它们内部的相互关系必须协调、平衡。因此，研究群落中不同物种之间的关系是阐明群落形成机制的重要内容。

3. 具有形成群落环境的功能。生物群落对其居住环境产生重大影响，并形成群落环境。如森林中的环境与周围裸地就有很大的不同，包括光照、温度、湿度与土壤等都经过了生物群落的改造。即使生物散布非常稀疏的荒漠群落，对土壤等环境条件也有明显的改造作用。

4. 具有一定的外貌和结构。生物群落是生态系统的一个结构单位，它本身除具有一定的物种组之外，还具有外貌和一系列的结构特点，包括形态结构、生态结构与营养结构。如生活型组成、种的分布格局、成层性、季相、捕食者和被捕食者的关系等，但其结构常常是松散的，不像一个有机体结构那样清晰，故有人称之为松散结构。

5. 具有一定的动态特征。群落的组成部分是具有生命特征的种群，群落不是静止地存在，物种不断地消失和被取代，群落的面貌也不断地发生着变化。由于环境因素的影响，使群落时刻发生着动态的变化。其运动形式包括季节动态、年际动态、演替与演化。

6. 具有一定的分布范围。由于其组成群落的物种不同，其所适应的环境因子也不同，所以特定的群落分布在特定地段或特定生境上，不同群落的生境和分布范围不同。从各种角度看，如全球尺度或者区域的尺度，不同生物群落都是按照一定的规律分布。

7. 具有特定的群落边界特征。在自然条件下，有些群落具有明显的边界，可以清楚地加以区分；有的则不具有明显边界，而呈连续变化中。前者见于环境梯度变化较陡，或者环境梯度突然变化的情况，而后者见于环境梯度连续变化的情形。

群落的物种组成是决定群落性质最重要的因素，也是鉴别不同群落类型的基本特征。群落学研究一般都从分析物种组成开始，以了解群落是由哪些物种构成的，它们在群落中的地位与作用如何。不同的群落有着不同的物种组成，以我国亚热带常绿阔叶林为例，群落乔木层的优势种类总是由壳斗科、

亚热带常绿阔叶林

樟科和山茶科植物构成，在下层则由杜鹃花科、山茶科、冬青科等植物构成。

构成群落的各个物种对群落的贡献是有差别的，通常根据各个物种在群落中的作用来划分群落成员型。

1. 优势种与建群种。对群落的结构和群落环境的形成起主要作用的种称为优势种，它们通常是那些个体数量多、盖度大、生物量高、生命力强的种，即优势度较大的种。群落不同的层次可以有各自的优势种，其中，优势层的优势种称为建群种。比如森林群落中，乔木层、灌木层、草本层常有各层的优势种，而乔木层的优势种即为建群种。建群种对群落环境的形成起主要的作用。在热带、亚热带森林群落中，各层的优势种往往有多个。

2. 亚优势种。指个体数量与作用都次于优势种，但在决定群落性质和控制群落环境方面仍起着一定作用的植物种。在复层群落中，它通常居于较低的亚层，如南亚热带雨林中的红鳞蒲桃和大针茅草原中的小半灌木冷蒿，在有些情况下成为亚优势种。

3. 伴生种。伴生种为群落的常见物种，它与优势种相伴存在，但不起主要作用，如马尾松林中的乌饭树、米饭花等。

4. 偶见种或罕见种。偶见种是那些在群落中出现频率很低的物种，多半数量稀少，如常绿阔叶林中区域分布的钟萼木或南亚热带雨林中分布的观光木，这些物种随着生存环境的缩小濒临灭绝，应加强保护。偶见种也可能偶然地由人们带入或随着某种条件的改变而侵入群落中，也可能是衰退的残遗种，如某些阔叶林中的马尾松。有些偶见种的出现具有生态指示意义，有的还可以作为地方性特征种来看待。

共生现象

在生物界，不仅存在着环环相扣的食物链，而且也存在动物之间的相互依存，互惠互利的共生现象。

共生又叫互利共生，是两种生物彼此互利地生存在一起，缺此失彼都不能生存的一类种间关系，是生物之间相互关系的高度发展。例如在海洋之中，海葵和小丑鱼就是很典型的共生现象。海葵有很多毒刺，但不会伤害小丑鱼，海葵保护它不受其他鱼类攻击，小丑鱼吃海葵消化完的残渣，帮它清理身体。甚至小丑鱼还可以当作海葵的捕食其他鱼类的"诱饵"。

生物的种类

生物学家根据生物的型态、构造、生理、遗传及生态等特征，将它们分门别类，可分为界、门、纲、目、科、属、种等七个阶层，界为最高的阶层，而种为最低的阶层。阶层愈高，包含的生物种类愈多；而较低的阶层包含的种类就较少，但彼此的构造特征却愈相似。

1. 动物界：生物学家根据个体结构特征将动物界分为三十几个大小不一的门，较常见的有：

脊索动物门：脊索动物以脊椎动物为最主要。依其出现的时间顺序，可分为鱼类、两生类、爬虫类、鸟类及哺乳类。

软体动物门：如蜗牛、蛤和乌贼等，它们的身体两侧对称，柔软而不分节。

环节动物门：如海虫、蚯蚓、蛭等；两侧对称、身体柔软、细长且分节，每节外形都很相似，体表具有刚毛，多为蠕动爬行。

节肢动物门：如蜘蛛、昆虫、虾、蟹等，是动物界中种类最多的一门，分布于水、陆、空。它们具有发达的脑，身体分节且各节不同型，并有分节的附肢及坚硬的外骨骼。

2. 植物界：植物界的成员是一群多细胞的真核生物，具有细胞壁。大多数都含有叶绿体，可吸收太阳能进行光合作用，制造养分。依演化的先后，可分为藓苔植物、蕨类植物、裸子植物和被子植物。

3. 真菌界：真菌界的细胞同样具有细胞壁，却没有叶绿体，因此不能进行光合作用，而是以腐生或寄生方式生活。菌类大多为多细胞，其个体由菌丝构成，菌丝会侵入寄主或附着物内，分泌酵素，使食物分解为小分子后，再行吸收。

4. 原生生物界：原生生物是由原核生物演化来的，是真核生物中最原始的一群，大部分为单细胞，少数为多细胞。依其获得营养的方式可分为三类：

类似植物的藻类，含有叶绿体，可行光合作用，自行制造养分。

类似菌类的原生菌类，可分泌酵素，以分解外界的食物为小分子而吸收。

类似动物的原生动物类，从外界摄取食物，进行体内消化，以获得养分。

5. 原核生物界：原核生物是地球上最早、最原始的生物，包括细菌和蓝绿藻。原核生物的细胞除了细胞膜外，没有其他由膜围住的特殊构造，细胞内的遗传物质也没有核膜包围。

日益减少的森林

森林对人类生存的影响，虽然不像粮食和水那样，一旦缺少就会很快致命，但森林作为一种"调节剂"，却在诸多方面影响着人类的生存环境，制约着人类的安危。

1. 森林是空气的净化物。

随着工矿企业的迅猛发展和人类生活用矿物燃料的剧增，受污染的空气中混杂着一定含量的有害气体，威胁着人类，其中二氧化硫就是分布广、危害大的有害气体。

凡生物都有吸收二氧化硫的本领，但吸收速度和能力是不同的。植物叶面积巨大，吸收二氧化硫要比其他物种大的多。据测定，森林中空气的二氧化硫要比空旷地少15%～50%。若是在高温高湿的夏季，随着林木旺盛的生理活动功能，森林吸收二氧化硫的速度还会加快。相对湿度在85%以上，森林吸收二氧化硫的速度是相对湿度15%的5倍~10倍。

2. 森林有自然防疫作用。

树木能分泌出杀伤力很强的杀菌素，杀死空气中的病菌和微生物，对人类有一定保健作用。有人曾对不同环境，每立方米空气中含菌量作过测定：在人群流动的公园为1000个，街道闹市区为3万~4万个，而在林区仅有55个。

另外，树木分泌出的杀菌素数量也是相当可观的。例如，一公顷桧柏林每天能分泌出30千克杀菌素，可杀死白喉、结核、痢疾等病菌。

原始森林

3. 森林是天然制氧厂。

氧气是人类维持生命的基本条件，人体每时每刻都要呼吸氧气，排出二氧化碳。一个健康的人三两天不吃不喝不会致命，而短暂的几分钟缺氧就会死亡，这是人所共知的常识。

一个人要生存，每天需要吸进0.8千克氧气，排出0.9千克二氧化碳。森林在生长过程中要吸收大量二氧化碳，放出氧气。据研究测定，树木每吸收44克的二氧化碳，就能排放出32克氧气；树木的叶子通过光合作用产生1克葡萄糖，就能消耗2500升空气中所含有的全部二氧化碳。

照理论计算，森林每生长1立方米木材，可吸收大气中的二氧化碳约850千克。若是树木生长旺季，一公顷的阔叶林，每天能吸收1吨二氧化碳，制造生产出750千克氧气。

10平方米的森林或25平方米的草地就能把一个人呼吸

阔叶林

出的二氧化碳全部吸收，供给所需氧气。诚然，林木在夜间也有吸收氧气排出二氧化碳的特性，但因白天吸进二氧化碳量很大，差不多是夜晚的20倍，相比之下夜间的副作用就很小了。就全球来说，森林绿地每年为人类处理近千亿吨二氧化碳，为空气提供60%的净洁氧气。

4. 森林是天然的消声器。

噪声对人类的危害随着公交、交通运输业的发展越来越严重，特别是城镇尤为突出。据研究结果，噪声在50分贝以下，对人没有什么影响；当噪声达到70分贝，对人就会有明显危害；如果噪声超出90分贝，人就无法持久工作了。森林作为天然的消声器有着很好的防噪声效果。

实验测得，公园或片林可降低噪声5分贝～40分贝，比离声源同距离的空旷地自然衰减效果多5分贝～25分贝；汽车高音喇叭在穿过40米宽的草坪、灌木、乔木组成的多层次林带，噪声可以消减10分贝～20分贝，比空旷地的自然衰减效果多4分贝～8分贝。城市街道上种树，也可消减噪声7分贝～10分贝。要使消声有好的效果，在城里，最少要有宽6米（林冠）、高10米半的林带，林带不应离声源太远，一般以6米～15米间为宜。

5. 森林对气候有调节作用。

森林浓密的树冠在夏季能吸收和散射、反射掉一部分太阳辐射能，减少地面增温。冬季森林叶子虽大都凋零，但密集的枝干仍能削减吹过地面的风速，使空气流量减少，起到保温保湿作用。

据测定，夏季森林里气温比城市空阔地低2℃～4℃，相对湿度则高15%～25%，比柏油混凝土的水泥路面气温要低10℃左右。由于林木根系深入地下，源源不断的吸取深层土壤里的水分供树木蒸腾，使林区正常形成雾气，增加了降水。通过分析对比，林区比无林区年降水量多10%～30%。

6. 森林改变低空气流，有防止风沙和减轻洪灾、涵养水源的作用。

出于森林树干、枝叶的阻挡和摩擦消耗，进入林区风速会明显减弱。据资料介绍，夏季浓密树冠可减弱风速，最多可减少50%。风在入林前200米以外，风速变化不大；过林之后，大约要经过500米～1000米才能恢复过林前的速度。人类便利用森林的这一功能造林治沙。

森林地表枯枝落叶腐烂层不断增多，形成较厚的腐殖层，具有很强的吸水、延缓径流、削弱洪峰的功能。

另外，树冠对雨水有截流作用，能减少雨水对地面的冲击力，保持水土。

据计算,林冠能阻截10%~20%的降水,其中大部分蒸发到大气中,余下的降落到地面或沿树干渗透到土壤中成为地下水。

7. 森林有除尘和对污水的过滤作用。

工业发展、排放的烟灰、粉尘、废气严重污染着空气,威胁人类健康。高大树木叶片上的褶皱、茸毛及从气孔中分泌出的黏性油脂、汁浆能粘截到大量微尘,有明显阻挡、过滤和吸附作用。

据资料记载,每平方米的云杉,每天可吸滞粉尘8.14克,松林为9.86克,榆树林为3.39克。一般说,林区大气中飘尘浓度比非森林地区低10%~25%。另外,森林对污水净化能力也极强,据国外研究介绍,污水穿过40米左右的林地,水中细菌含量大致可减少一半,而后随着流经林地距离的增大,污水中的细菌数量最多时可减至90%以上。

云 杉

随着人类的进化,森林不断被砍伐。人类需要木材,需要土地,需要更多的生存空间。原始森林越来越少,很多地方的森林已完全消失。人类在依靠土地获取食物时,森林变成了良田,而在人类进一步发展的过程中,一代代人向土地攫取着更多的居住空间。于是,各类建筑纷至沓来。向天空,向地下,向海洋,向原本属于其他物种的居住领地开拓进取。良田逐渐被水泥地所覆盖,原本幽静的林间也不断为人类所侵占。

由于人类过度砍伐森林特别是热带雨林,致使生物的生境丧失,再加之生物资源的过度开发、环境污染、全球气候变化以及工业、农业的影响,生物种类正在急剧减少,现在每天以100多种到200多种的速度消失。据专家估计,在今后的20年~30年中将有四分之一的物种消失,这对人类生存和发展构成巨大的潜在威胁。

知识点

阔叶林

阔叶林，由阔叶树种组成的森林称阔叶林，有冬季落叶的落叶阔叶林（又称夏绿林）和四季常绿的常绿阔叶林（又称照叶林）两种类型。

阔叶林的组成树种繁多，它除生产木材外，还可生产木本粮油、干鲜果品、橡胶、紫胶、栲胶、生漆、五倍子、白蜡、软木、药材等产品；壳斗科许多树种的叶片还可喂饲柞蚕；另外，蜜源阔叶树也很丰富，可以开发利用。

延伸阅读

热带雨林的生态结构

热带雨林是一种茂盛的森林类型，进入到森林之中，你仿佛来到一个神话世界。在这里抬头不见蓝天，低头满眼苔藓，密不透风的林中潮湿闷热，脚下到处湿滑。这里光线暗淡，虫蛇出没，人们在其间行走，不仅困难重重，而且也很危险。但是，这里却是生物的乐园，不论是动物还是植物，都是陆地上其他地方所不可比的。

热带雨林分布的地区，年降雨量很高，通常高于1800毫米，有些地方达3500毫米。这里无明显的季节变化，白天温度一般在30℃左右，夜间约20℃。

雨林地区的地形复杂多样，从散布岩石小山的低地平原，到溪流纵横的高原峡谷。多样的地貌造就了形态万千的雨林景观。在森林中，静静的池水、奔腾的小溪、飞泻的瀑布到处都是；参天的大树、缠绕的藤萝、繁茂的花草交织成一座座绿色迷宫。

热带雨林中植物种类繁多，其中乔木具有多层结构；上层乔木高过30米，多为典型的热带常绿树和落叶阔叶树，树皮色浅，薄而光滑，树基常有板状根，老干上可长出花枝。木质大藤本和附生植物特别发达，叶面附生某些苔藓、地衣，林下有木本蕨类和大叶草本。

雨林中的树木多为双子叶植物，具有厚的革质叶和较浅的根系。用以营养的根部通常只有几厘米深。雨林中的雨水因叶面的蒸发而丢失很多。热带雨林中土壤和岩石的风化作用强烈，其风化壳可达100米。这类土壤虽富含铝、铁氧化物、氢氧化物和高岭石，但其他一些矿物质却因淋溶和侵蚀作用而流失。另外，在高温高湿条件下，有机物分解很快，能迅速被饥饿的树根和真菌所吸收。所以，这里的土壤其实并不肥沃。

雨林中的次冠层植物由小乔木、藤本植物和附生植物如兰科、凤梨科及蕨类植物组成，部分植物为附生，缠绕在寄生的树干上，其他植物仅以树木作为支撑物。雨林地表面被树枝和落叶所覆盖。雨林内的地面并不如传说那样不可通行，多数地面除了薄薄的腐殖土层和落叶外多是光裸的。

雨林中，木质藤本植物随处可见，有的粗达20厘米至30厘米，长可达300米，沿着树干、枝丫，从一棵树爬到另外一棵树，从树下爬到树顶，又从树顶倒挂下来，交错缠绕，好像一道道稠密的网。附生植物如藻类、苔藓、地衣、蕨类以及兰科植物，附着在乔木、灌木或藤本植物的树干和枝桠上，就像披上一厚厚的绿衣，有的还开着各种艳丽的花朵，有的甚至附生在叶片上，形成"树上生树"、"叶上长草"的奇妙景色。

沙漠化与天然植被破坏

全球土地面积的15%已因人类的活动而遭到不同程度的退化。土地退化中，水侵蚀占55.7%，风蚀占28%，化学现象（盐化、酸化、污染）占12.1%，物理现象（水涝、沉陷）占4.2%。由于过度侵蚀，全世界每年流失有生产力的表土254亿吨。全球每年损失耕地150万公顷，70%的农用干旱地和半干旱地已沙漠化，最为严重的是北美洲、非洲、南美洲和亚洲。

土地退化和沙漠化使区域和全球的粮食生产潜力大大减少。在过去的20多年中，由于土地退化和沙漠化，使全世界饥饿的难民由4.6亿增加到5.5亿人。联合国在1994年签署的《防治荒漠化公约》中，把荒漠化定义为气候变化和人为活动导致的干旱、半干旱和偏干亚湿润地区的土地退化，主要表现为农田、草原、森林的生物或经济生产力和多样性的下降或丧失，包括

撒哈拉沙漠

土壤物质的流失和理化性状的变劣，以及自然植被的长期丧失。

沙漠化最明显的地方之一，在撒哈拉沙漠南侧的撒黑尔。此地的北部，以游牧或放牧的型态饲养着羊和骆驼，把整个地区的植物都吃光了，导致土地光秃秃的一片。而较为湿阔的南部，则因家畜过度繁殖，再加上原本不过方寸小的耕地，禁不起接连不断的耕作，整个地区逐渐变成不毛之地。

再加上水源不足，人们开始挖掘井水，当人群因水源而聚集，豢养的家畜也就多了起来，又再次加速了环境的恶化，促成沙漠化，这种恶性循环，使得该区人民生活普遍过得很困苦。撒哈拉沙漠没有雨季，所以不会降雨，但只要是有任何一点点的水气，沉睡在地底下的植物就会争着冒出新芽，但很快的，又会被过度放牧的家畜吃光了……所以沙漠化的土质现在仍在无声无息的扩大中……

我国是世界上土地退化和沙漠化最严重的国家之一，目前全国荒漠化土地的面积已经超过现有耕地面积的总和。更为严重是，我国的荒漠化面积正在逐年加大。据统计，我国受荒漠化危害的人口近4个亿，农田1500万公顷，草地1亿公顷以及数以千计的水利工程和铁路、公路交通设施等。从这些枯燥的数字中反映出的是惊人的严酷现实。

土地退化和沙漠化是自然因素和人为因素综合作用的结果。气候干旱是形成荒漠化的必要因素，但仅仅由于气候变异的影响，形成荒漠化的过程是缓慢的。而人类活动却大大加速了荒漠化的进程，如在干旱土地上盲目垦荒、过度放牧、过度砍伐森林、水资源的不合理利用等。人口的迅速增长，也导致土地荒漠化日趋严重。为满足需要，就迫使人们过度垦荒、滥伐林木，而这一切又进一步导致土地荒漠化的进一步严重，形成了恶性循环。

草原退化是荒漠化的主要表现形式之一。可以认为，由于人为活动或不利自然因素所引起的草地（包括植物和土壤）质量衰退，生产力、经济潜力及服务功能降低，环境变劣以及生物多样性或复杂程度降低，恢复功能减弱或丧失恢复功能,即称之为草地退化。

我国草地面积 392.8 万公顷,约占国土总面积的 41%,为现有农田的 4 倍左右。在 20 世纪 90 年代初期,退化面积约为 51%,到 20 世纪 90 年代末,北方草原的退化面积发展到约 62%。其中,典型草原退化比例约为 70%,并以中度和重度退化为主,集中在内蒙古的呼伦贝尔、锡林浩特、科尔沁、浑善达克等草原区;西北荒漠地区草原退化比例约为 80%,以重度退化为主;东北草甸草原的退化比例约为 45%,以轻度退化为主;青藏高原高寒类草原、草甸和荒漠区均出现了严重的草原退化现象。这大大加剧了沙尘暴等自然灾害的发生,生态系统遭到严重破坏,对国家的生态安全构成了严重的威胁。

沙漠化的草原

沙漠化形成与扩张的根本原因,就是荒漠生态系统(包括沙漠、戈壁系统、干旱、半干旱地区的草原系统、森林系统和湿地系统)的人为破坏所致,是对该系统中的水资源、生物资源和土地资源强度开发利用而导致系统内部固有的稳定与平衡失调的结果。

以往,我们一手植树种草,通过生物措施和工程措施防治沙漠化,另一手却破坏荒漠生态系统,制造新的沙漠化土地。事实上,正是由于荒漠生态系统的破坏,尽管我们营造了"三北"防护林,实施了防沙治沙工程,却仍然未能在整体上遏制住沙漠化扩张的步伐。

可以说,近半个世纪来,沙暴频频的真正原因,

"三北"防护林

并非人工植被营造太少，而是天然植被破坏过甚。

有鉴于此，我们有必要调整防沙治沙战略，从片面重视发展人工植被转到积极发展人工——天然乔灌草复合植被；从单纯保护绿洲到积极保护包括绿洲在内的整个荒漠生态系统。只有重建荒漠生态系统，才能从根本上遏制住沙漠化扩展的势头，扭转防沙治沙和治理水土流失工作中的被动局面，也才能切实有效地改善我国西北地区的大生态、大环境。

知识点

《联合国防治荒漠化公约》

《联合国防治荒漠化公约》是1992年里约环发大会《21世纪议程》框架下的三大重要国际环境公约之一。该公约于1994年6月17日在法国巴黎外交大会通过，并于1996年12月26日生效。截至2005年4月26日，已有191个国家批准或加入公约。

宗旨：在发生严重干旱或荒漠化的国家，尤其是在非洲，防治荒漠化，缓解干旱影响，以期协助受影响的国家和地区实现可持续发展。

延伸阅读

我国荒漠化类型

我国有风蚀荒漠化、水蚀荒漠化、冻融荒漠化、土壤盐渍化等4种类型的荒漠化土地。

1. 荒漠化类型

我国风蚀荒漠化土地主要分布在干旱、半干旱地区，在各类型荒漠化土地中是面积最大、分布最广的一种。其中，干旱地区大体分布在内蒙古狼山以西，腾格里沙漠和龙首山以北包括河西走廊以北、柴达木盆地及其以北、以西到西藏北部。半干旱地区大体分布在内蒙古狼山以东向南，穿杭锦后旗、磴口县、乌海市，然后向西纵贯河西走廊的中——东部直到肃北蒙古族自治

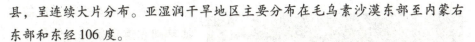

县，呈连续大片分布。亚湿润干旱地区主要分布在毛乌素沙漠东部至内蒙右东部和东经106度。

2. 水蚀荒漠化

我国水蚀荒漠化总面积占荒漠化土地总面积的7.8%。主要分布在黄土高原北部的无定河、窟野河、秃尾河等流域，在东北地区主要分布在西辽河的中上游及大凌河的上游。

3. 冻融荒漠化

我国冻融荒漠化地的面积占荒漠化土地总面积的13.8%。冻融荒漠化土地主要分布在青藏高原的高海拔地区。

4. 土壤盐渍化

我国盐渍化土地总面积占荒漠化总面积的8%—9%。土壤盐渍化比较集中连片分布的地区有柴达木盆地、塔里木盆地周边绿洲以及天山北麓山前冲积平原地带、河套平原、银川平原、华北平原及黄河三角洲。

肥料污染危害生物

多年来，各国的农业生产实践已证明，施用化肥能直接提供养分为作物吸收利用，使作物产量增加；还能丰盈土壤中养分的贮备，提高有机质含量，改善土壤理化性质，增强土壤供肥能力；增加生态环境中养分的循环量，保持农业生态系统的物质平衡。

纵观粮食生产，农业发展的历史，可以毫不夸张地说，化肥是粮食增产最重要的手段之一。美国田纳西州流域管理局估计，化肥对美国作物增产的作用为37%。第六届国际肥料会议报道，荷兰、比利时、英国、法国、丹麦等西欧国家，由于使用化肥，农产品总量增加40%~65%。

世界农业组织指出，1965年~1976年，发展中国家靠使用化肥提高的产量占55%。1977年~1979年与1961年~1963年相比，世界谷物产量增加1.4倍，其中发达国家、发展中国家的粮食单产分别增加1044千克/公顷（100%）、588.75千克/公顷（56%），与这些国家间化肥施用的平均水平差异完全一致。我国在1950年~1983年间，粮食产量与化肥用量也呈现正比例。

挖掘施肥深沟

增施化肥固然是增产的物质基础和重要条件，但并非是唯一的条件。单位面积产量也不可能随着肥料用量的增加而无限制地按比例增加。盲目地过量地增施化学肥料，超过作物的需要和土壤的负荷能力；或者施用不当，使作物吸收量少，肥料利用率低，都不仅造成了肥料的浪费，影响作物的品质，而且污染了环境，给生态系统和人类健康带来危险。

长期大量施用化肥而不配合施用有机肥料会使土壤性质变坏。例如，长期施用氮肥会使土壤逐步酸化，连续7年就可使土壤pH从6.9下降到6.1。随着土壤的酸化，土壤中有机质迅速矿化分解，有机质含量大大减少从而引起土壤板结，土壤结构遭到破坏，土壤理化性质变坏，硝酸盐积累增加而土壤自净能力下降。

美国堪萨斯州立大学实验室研究证明，在施用氮肥的影响下，土壤酸度增加，活性铝、镁的含量也增加。施肥土壤与不施肥土壤相比，Ca的淋溶量增加了1倍~3倍，镁增加了1倍。在施用氮肥的条件下，镁的淋溶加速，可以使牧场家畜发病。

磷肥及各种复合肥料含有一定量的重金属元素，如果长期大量使用，会对环境造成危害。例如，磷肥的主要原料是磷灰石的矿物，这种矿物含有多种微量元素及有毒重金属元素。当然，磷矿产地不同，各种元素的含量也不同，用它们为原料制成的各种磷肥就不同程度地含有这些元素。

据日本分析，砷在磷矿石中平均含量为24毫克/千克，而在过磷酸钙中为104毫克/千克，在重过磷酸钙中则增至273毫克/千克。镉在磷肥中的含量为10毫克/千克~20毫克/千克，按磷肥用量计算，长期用磷肥的土壤，镉的积累可能产生问题。铅在磷矿中平均含量为17毫克/千克，但随磷肥施用进入土壤的铅被植物吸收得少。

国内外学者经过近20年来的研究，已明确氮素和磷素营养含量的增加是水体富营养化现象发生的主要原因。据有关资料报道，每增殖 1 克藻类，大约需要消耗 0.009 克磷，0.063 克氮，0.07 克氢，0.35 克碳和 0.496 克氧以及少量的其他微量元素。

通常情况下，自然界水体中碳、氢、氧等元素来源广泛，可满足水域中藻类生长的需要，而氮、磷的多寡，则往往成为水体中藻类能否大量繁殖的限

磷矿石

制性因子。其中由于氮的移动性大，来源较充足，因而只有在某些少数场合下，才起主导作用。

大多数情况下，富营养化的主要限制因子是磷。磷在农业环境中的流失量虽然不大，但当水体中含氮量充分时，磷浓度达到一定程度时，就可能引起水体富营养化现象发生。大面积的农业环境中流失的磷量汇集到相对小面积的承受水面时，这种流失量就不可忽视了。

氮素对水体的主要补给途径是通过淋溶到地下水补给，而磷素则主要通过地表径流、水土流失补给。因此，可以说，地表径流造成的磷流失量（即磷的非点源污染）是造成水体富营养化的主要原因之一。

植物是通过根部从土壤吸收的氮素，大部分为硝态氮，一部分为铵态氮，除水稻外，大多数植物吸收以硝态氮为主要形态。硝酸根离子进入植物体后迅速被同化利用，所以积累的浓度不高，一般在 100 毫克/千克以内。但如施氮肥过量就会发生硝酸盐积累，有时可达 1% 以上的高浓度，含高浓度硝酸盐的植物被动物食用后，则由硝酸盐或由硝酸盐产生的亚硝酸盐对动物发生危害。

亚硝酸盐毒性远较硝酸盐大。动物摄入硝态氮后，一般 90% 从尿中排出，毒性不强。由于人胃构造上的原因和胃液酸度的关系，硝酸盐不易表现毒性，但对婴儿并非如此。饮用 1 升硝态氮浓度为 10 毫克/千克的水，就摄入 10 毫克硝态氮，高浓度硝态氮饮用水，是婴儿发病的重要原因之一，皮肤呈青紫色是硝酸盐或亚硝酸盐中毒的外观重要特征。由亚硝酸与二级胺或三

级胺反应生成的亚硝胺,是公认的强致癌物质,已引起广泛重视。

知识点

淋溶作用

淋溶作用,是指一种由于雨水天然下渗或人工灌溉,上方土层中的某些矿物盐类或有机物质溶解并转移到下方土层中的作用。在多雨地区,如地面排水不良,更多雨水向下渗透。由于雨水在空气中吸收二氧化碳,已微含酸性;渗入土壤后再和有机质或矿物质分解产生的各种酸类混合,酸性更强,可将土壤中的石灰质等可溶盐类溶解转移。

在雨水充足地方,淋溶作用常遗留下酸性较强且贫瘠的土壤,称为酸性土,如砖红土、热带红土、红土、灰棕土、白灰土与苔原土等。

延伸阅读

施肥与土壤板结

土壤的团粒结构是土壤肥力的重要指标,土壤团粒结构的破坏致使土壤保水、保肥能力及通透性降低,造成土壤板结。

有机质的含量是土壤肥力和团粒结构的一个重要指标,有机质的降低,致使土壤板结。土壤有机质是土壤团粒结构的重要组成部分。土壤有机质的分解是以微生物的活动来实现的。向土壤中过量施入氮肥后,微生物的氮素供应增加1份,相应消耗的碳素就增加25份,所消耗的碳素来源于土壤有机质,有机质含量低,影响微生物的活性,从而影响土壤团粒结构的形成,导致土壤板结。

土壤团粒结构是带负电的土壤黏粒及有机质通过带正电的多价阳离子联接而成的。多价阳离子以键桥形式将土壤微粒连接成大颗粒形成土壤团粒结构。土壤中的阳离子以2价的钙、镁离子为主,向土壤中过量施入磷肥时,磷肥中的磷酸根离子与土壤中钙、镁等阳离子结合形成难溶性磷酸盐,即浪费磷肥，又破坏了土壤团粒结构，致使土壤板结。

向土壤中过量施入钾肥时，钾肥中的钾离子置换性特别强，能将形成土壤团粒结构的多价阳离子置换出来，而一价的钾离子不具有键桥作用，土壤团粒结构的键桥被破坏了，也就破坏了团粒结构，致使土壤板结。

向土壤中施入微生物肥料，微生物的分泌物能溶解土壤中的磷酸盐，将磷素释放出来，同时，也将钾及微量元素阳离子释放出来，以键桥形式恢复团粒结构，消除土壤板结。

土壤污染与防治

土壤是环境中特有的组成部分，它是一个复杂的物质体系，组成的物质有无机物和有机物。在地球表面，土壤处于大气圈、岩石圈、水圈和生物圈之间的过渡地带，是生态系统物质交换和物质循环的中心环节，是连接地理环境各组成要素的枢纽。

植物直接生长土壤上，土壤是植物营养物质的最主要的供应地。"皮之不存，毛将焉附"；"民以食为天，食以土为本"。没有土壤，就长不出植物，更别提庄稼了。岩石上至多生长一些地衣、苔藓，水里还有一些浮游生物，人类能靠地衣、苔藓、浮游生物养活吗？

所以说，土壤是最宝贵的自然资源之一，是人类赖以生存的必要条件。

人类活动产生的污染物进入土壤并积累到一定程度，超过了土壤的自净能力，引起土壤环境恶化的现象，称为土壤污染。污染物进入土壤以后，一方面造成土壤污染，另一方面，这些性质不同的污染物在土体中经过物理、化学、物理化学、生物化学等一系列过程，促使污染物逐渐分解和消失，这就是土壤的净化作用。

如，通过挥发、扩散等物理作用，逐步降低污染物毒性和浓度；经过中和、氧化、还原等化学作用，使污染物转化为无毒无害物质；通过沉淀、胶体吸附等作用，成为难以被植物吸收利用的形态而存在于土壤中，暂时退出生物小循环，脱离食物链；通过生物或生物化学降解，污染物变为毒性较小或无毒性的物质，甚至还能为植物提供养分。

但是，土壤的净化能力是有限的，而且土壤的移动性小，扩散、稀释等物理作用远比大气和水体环境低。因此，土壤污染更加应该引起高度重视。土壤污染通常具有以下特点：

1. 土壤污染具有隐蔽性。

土壤污染与大气和水体污染不同，大气和水体污染是通过饮食和呼吸直接进入人体，对人体的危害比较明显；而土壤污染往往是通过农作物和食品间接产生危害，不易发现。

2. 土壤污染的判定比较复杂。

对土壤污染的判定，既要考虑土壤中污染物的测定值，又要考虑土壤的本底值，经比较看土壤中的元素和化合物含量有无异常。同时，还要考虑农作物中污染物的含量，看它与土壤污染有何关系，要注意观察农作物生长发育是否受到抑制，有无生态变异。

3. 土壤污染危害大，后果严重。

第一，污染物通过食物链富集而危害动物和人类健康；第二，土壤污染还可以通过地下水渗漏，造成地下水污染，或通过地表径流污染水体；第三，土壤污染地区若遭风蚀，又将污染的土粒吹扬到远处，扩大污染面。

土壤污染源包括工业污染源、农业污染源、生活污染源。在工业废水、废气和废渣中，都含有多种污染物，其浓度一般较高，一旦侵入农田，即可在短期内对土壤和作物产生危害，农药、化肥、农膜以及污水灌溉等是农业本身造成的土壤污染，虽然其中一部分是工业产品和工业废水造成的，但主要还是由于农业活动引起的，因此把它们归为农业污染源。

人类的消费活动向外界环境排放大量的废水和垃圾，其中对土壤污染较为严重的有生活污水、污泥、垃圾和粪便。生活垃圾的成分十分复杂，如果不进行科学分选和处理，可导致严重的土壤污染。根据造成土壤污染的原因不同，可将土壤污染分为5种类型：

1. 水体污染型。利用工业废水或城市污水进行灌溉时，使污染物随水进入土壤，造成土壤污染。我国污水灌溉区普遍发现此类污染，北京、上海、西安、成都、沈阳等城市郊区污水灌溉均已出现重金属污染。

2. 大气污染型。大气污染物通过干、湿沉降所造成的土壤污染。如酸雨严重地区所出现的土壤酸化。

3. 农业污染型。主要是由于大量施用化学肥料和化学农药所造成。

4. 生物污染型。对农田施用垃圾、污泥、粪便和生活污水时，如不进行适当的消毒灭菌处理，土壤容易形成生物污染，成为某些病原菌的疫源地。

5. 固体废弃物污染型。主要是指城市生活垃圾、采矿废渣、工业废渣、污泥等物质进入农田，而使土壤受到污染。

实际上污染物进入土壤后，由于土壤的自净作用使其数量和形态发生变化，而使毒性降低甚至消除。土壤自净能力的高低一方面与土壤的理化性质，如土壤黏粒、有机质含量、土壤温湿度、pH值、阴阳离子的种类和含量等有关，另一方面受土壤微生物的种类和数量的限制。

当污染物超过土壤的最大自净能力时，便会引起不同程度的污染。而且对于一部分种类的污染物如重金属、固体废弃物、某些大分子化合物等，其毒害很难被土壤的自净能力所消除。因此可人为筛选、分离和培育对污染物有强吸收、降解能力的生物种，用于土壤污染的治理。

土壤污染的治理有这样几种方式：

1. 利用土壤的净化能力。

土壤本身所具有的净化能力是消除减缓土壤污染的一个重要特性，要预防土壤污染，需采取合理措施，提高土壤对污染物的容纳量，使污染减轻到最低限度，如增施有机肥，促进土壤熟化和团粒结构的形成，增加或改善土壤胶体的种类和数量，均可增加土壤容量，使土壤对有害物质的吸附能力加强，增加吸附量，从而减少污染物在土壤中的活性。

分离培养和开发能分解和转化污染物的微生物种类，以增强微生物降解作用，提高土壤净化能力，是近年来发展较快的新途径。

2. 微生物防治。

细菌产生的一些酶类能将某些重金属还原，且对 C_d、C_o、N_i、M_n、Z_n、P_b、C_u 等具有一定的亲和力。如 Citrobactersp 产生的酶能使 U、C_d、P_b 形成难溶磷酸盐；意大利从土壤中分离出的某些菌种，可抽取出酶复合体，能降解 2.4 – D 除草剂；日本研究出土壤中红酵母和蛇皮藓菌，能降解剧毒性聚氯联苯达 40% 和 30%。Barton 等人分离出来的 Pseudomonas mesopHilica 和 PmaltopHilia 菌种能将硒酸盐和亚硒酸盐还原为胶态硒，将二价铅转化为胶态铅，胶态铅和胶态硒不具有毒性且结构稳定。

3. 利用植物进行土壤污染的防治。

在长期的生物适应进化过程中，少数生长在重金属胁迫土壤中的植物产生了适应能力。这些植物对重金属胁迫的适应方式有三种，即不吸收或少量吸收重金属元素；将吸收的重金属元素结合在植物地下部分使其不向地上部分转移；大量吸收重金属元素并保存在体内，并能正常生长。

铁角蕨属植物

因此可利用第三种植物来去除土壤中的重金属。如铁角蕨属的一种植物，有较强的吸收土壤中重金属的能力，对土壤中镉的吸收率可达10%，连种多年，可降低土壤含镉量。除了重金属外，植物还可以净化土壤中的其他污染物如砷类化合物、石油化工污染、农药等。

此外，某些鼠类和蚯蚓对一些农药也有降解作用。应用微生物和其他生物降解各种污染物的处理技术尚需进一步探索。

4. 工程手段治理。

工程手段治理土壤污染包括客土、换土和深翻。

客土法就是向污染土壤加入大量的干净土壤，覆盖在表层或混匀，使污染物浓度降低或减少污染物与植物根系的接触，达到减轻危害的目的。

换土法就是把污染土壤取走，换入新的干净的土壤，该方法对小面积严重污染且污染物又易扩散难分解的土壤是有效的，可以防止扩大污染范围，但换出的污染土壤要合理处理，以免再度形成污染。

在污染较轻的地方或仅有表土污染的地方，可采取将表层污染土壤深埋到下层，使表层土壤污染物含量减低。

5. 改变土壤的氧化还原条件。

大多数重金属形态受氧化还原电位的影响，因此改变土壤氧化还原条件可减轻重金属危害。据研究，水稻在抽穗到成熟时，大量无机成分向穗部转移，此时保持淹水可明显减少水稻籽粒中镉、铅等的含量。在淹水还原状况下，这些金属可与H_2S形成硫化物沉淀，降低重金属活性，从而减轻土壤污染的危害。

6. 增施抑制剂。

对于重金属污染的土壤，施用石灰、磷酸盐、硅酸盐等，使之与重金属污染物生成难溶性化合物，降低重金属在土壤及植物体内的迁移，减少对生态环境的危害。

7. 生物监测。

有关土壤污染的生物监测，国内外文献报道尚少，但也有人利用动植物变异性特征和耐性来作土壤污染的生物监测，如用土壤动物种类和数量的变化，以及生长在受污染土壤上的植物形态特征的变化进行监测等。

土壤胶体

胶体是指直径在1纳米—100纳米之间的颗粒，但是实际上土壤中直径小于1000纳米的黏粒都具有胶体的性质，所以通常所说的土壤胶体实际上是指直径在1纳米—1000纳米之间的土壤颗粒，它是土壤中最细微的部分。

土壤胶体一般可分为无机胶体、有机胶体、有机—无机复合胶体。下面我们介绍这三类胶体。

无机胶体：无机胶体在数量上远比有机胶体要多，主要是土壤黏粒，它包括铁、铝、硅等含水氧化物类黏土矿物以及层状硅酸盐类黏土矿物。

有机胶体：有机胶体主要指的是土壤中的腐殖质。

有机—无机复合胶体：在土壤中有机胶体一般很少单独存在，绝大部分与无机胶体紧密结合在一起形成有机—无机复合胶体，有机胶体与无机胶体的连接方式是多种多样的，但主要是通过二价、三价等多价阳离子作为桥梁把腐殖质与粘土矿物连在一起，或者通过腐殖质表面的功能团以氢键的方式与黏土矿物连在一起。

延伸阅读

土壤的自净能力

土壤自净作用是土壤本身通过吸附、分解、迁移、转化而使土壤污染物浓度降低甚至消失的过程。只要污染物浓度不超过土壤的自净容量，就不会造成污染。

一般地说，增加土壤有机质含量，增加或改善土壤胶体的种类和数量，改善土壤结构，可以增大土壤自净容量（或环境容量）；此外，发现、分离和培育新的微生物品种引入土体，以增强生物降解作用，也是提高土壤自净能力的一种重要方法。

污染物进入土壤系统后常因土壤的自净作用而使污染物在数量和形态上发生变化，使毒性降低甚至消失。但是，对相当一部分种类的污染物如重金属、固体废弃物等其毒害很难被土壤自净能力所消除，因而在土壤中不断地被积累最后造成土壤污染。

土壤自净能力一方面与土壤自身理化性质如土壤黏粒、有机物含量、土壤温湿度、pH值、阴阳离子的种类和含量等因素有关；另一方面受土壤系统中微生物的种类和数量制约。

生物多样性危机

1986年，美国有关单位主办了一次生物多样性论坛。此后哈佛大学著名生物学家、生物多样性最早倡导者之一威尔逊于1988年将会议论文整理成里程碑式的巨著——《生物多样性》，首次正式提出"生物多样性"概念。

经过修改和补充，现在被普遍接受的定义是：生物多样性是生物及其与环境形成的生态复合体以及与此相关的各种生态过程的总和，包括动物、植物、微生物和它们所拥有的基因以及它们与其生存环境形成的复杂的生态系统。

生物多样性是生物进化的原因及结果。生物进化的历史证明，随着地球环境的变化，地球上不断有新物种产生，也不断有不适应环境的物种被淘汰。

因此，生物多样性是不断变化着的。

随着世界人口的迅速增长及人类经济活动的不断加剧，由此带来的环境和生态问题日益严峻。人类正面临人口膨胀、环境退化、生物多样性枯竭、能源匮乏、粮食短缺等世界性难题，解决这些难题与人类对生物多样性的保护和持续利用有非常密切的关系。

粮食短缺的非洲

事实上，与其他全球性环境问题相比，生物多样性的减少和丧失更加引人注目，因为生物多样性具有极大的价值，而物种的灭绝是不可逆转的。生物多样性的保护与持续利用是当今国际上生态学的研究热点之一，也已成为人类与环境领域的中心议题。

生物多样性是人类赖以持续生存的基础，它不仅提供了人类生存不可缺少的生物资源，也构成了人类生存的生物圈环境。但是，无论是在国内，还是在世界范围内，生物多样性正受到严重威胁。生态系统类型减少，物种数量下降，基因多样性降低。因此，生物多样性保护已迫在眉睫。

据估计，地球上的物种约有5000万种。由于生境的丧失、对资源的过分开发、环境污染和引进外来物种等原因，地球上的物种正在不断消失。世界自然保护联盟公布的"2004年濒危物种红色名单"显示，目前全球1.5万个物种，包括脊椎、无脊椎动物以及植物和真菌正在消失。另据报道，由于气候变暖等原因，陆地上现有物种的1/4在最近50年内将不复存在。

人口激增、土地资源过度开发以及工业化和城市化等对生态环境带来了前所未有的破坏，人类活动已引起了地球上生物物种以空前速度迅速消失。据科学家估算，目前生态系统的破坏很严重，而物种的丧失比自然界本身的速度快了大约1000倍~10000倍，已经不亚于地球历史上前五次生物多样性危害导致物种大灭绝的速度。

归纳起来，造成生物多样性下降的主要有以下几点：

严重的乱砍滥伐现象

1. 生活环境丧失、退化与破碎。人类能在短期内把山头削平、令河流改道，百年内使全球森林减少50%，这种毁灭性的干预导致的环境突变，导致许多物种失去相依为命、赖以为生的家——生境，沦落到灭绝的境地，而且这种事态仍在持续着。在濒临灭绝的脊椎动物中，有67%的物种遭受生境丧失、退化与破碎的威胁。

世界上61个热带国家中，已有49个国家的半壁江山失去野生环境，森林被砍伐、湿地被排干、草原被翻垦、珊瑚遭毁坏……亚洲尤为严重。孟加拉的94%、斯里兰卡的83%、印度的80%的野生生境已不复存在。俗话说：树倒猢狲散，如果森林没有了，林栖的猴子与许多动物当然无"家"可归。

2. 过度开发。在濒临灭绝的脊椎动物中，有37%的物种是受到过度开发的威胁，许多野生动物因被作为"皮可穿、毛可用、肉可食、器官可入药"的开发利用对象而遭灭顶之灾。象的牙、犀的角、虎的皮、熊的胆、鸟的羽、海龟的蛋、海豹的油、藏羚羊的绒……更多更多的是野生动物的肉，无不成为人类待价而沽的商品。

人类正在为了满足自己的边际利益（时尚、炫耀、取乐、口腹之欲），而去剥夺野生动物的生命。对野生物种的商业性获取，往往结果是"商业性灭绝"。目前，全球每年的野生动物黑市交易额都在100亿美元以上，与军火、毒品并驾齐驱,销蚀着人类的良心,加重着世界的罪孽。

北美旅鸽曾有几十亿只,是随处可见的鸟类,大群飞来时多得遮云蔽日,殖民者开发美洲100多年,就将这种鸟捕尽杀绝了。当1914年9月最后一只旅鸽死去,许多美国人感到震惊,眼瞧着这种曾多得不可胜数的动物竟在人类的开发利用下灭绝,他们为旅鸽树起纪念碑,碑文充满自责与忏悔:"旅鸽,作为一个物种因人类的贪婪和自私,灭绝了。"

3. 盲目引种。人类盲目引种对濒危、稀有脊椎动物的威胁程度达19%,对岛屿物种则是致命的。400年,波利尼西亚人进入夏威夷,并引入鼠、犬、猪,使该地半数的鸟类(44种)灭绝了。

1778年,欧洲人又带来了猫、马、牛、山羊,新种类的鼠及鸟病,加上砍伐森林、开垦土地,又使17种本地特有鸟灭绝了。人们引进猫鼬是为了对付以前错误引入的鼠类,不料,却将岛上不会飞的秧鸡吃绝了。

15世纪欧洲人相继来到毛里求斯,1507年葡萄牙人,1598年荷兰人把这里作为航海的中转站,同时随意引入了猴和猪,使8种爬行动物,19种本地鸟先后灭绝了,特别是渡渡鸟。在新西兰斯蒂芬岛,有一种该岛特有的异鹩,由于灯塔看守人带来1只猫,这位捕食者竟将岛上的全部异鹩消灭了,1894年,斯蒂芬岛异鹩灭绝,是1只动物灭绝了1个物种。

猫鼬

4. 环境污染。1962年,美国的雷切尔·卡逊著的《寂静的春天》引起了全球对农药危害性的关注;人类为了经济目的,急功近利地向自然界施放有毒物质的行为不胜枚举:化工产品、汽车尾气、工业废水、有毒金属、原油泄漏、固体垃圾、去污剂、制冷剂、防腐剂、水体污染、酸雨、温室效应……甚至海洋中军事及船舶的噪音污染都在干扰着鲸类的通讯行为和取食能力。

知识点

爬行动物

爬行动物是第一批真正摆脱对水的依赖而真正征服陆地的变温脊椎动物，可以适应各种不同的陆地生活环境。爬行动物也是统治陆地时间最长的动物，其主宰地球的中生代也是整个地球生物史上最引人注目的时代，那个时代，爬行动物不仅是陆地上的绝对统治者，还统治着海洋和天空，地球上没有任何一类其他生物有过如此辉煌的历史。

现在虽然已经不再是爬行动物的时代，大多数爬行动物的类群已经灭绝，只有少数幸存下来，但是就种类来说，爬行动物仍然是非常繁盛的一群，其种类仅次于鸟类而排在陆地脊椎动物的第二位。

延伸阅读

五次物种大灭绝

地球历史上曾经出现过五次生物物种大灭绝事件。

第一次发生在大约5亿年前的寒武纪末期，大约50%的动物物种灭绝；第二次发生在大约3.5亿年前的泥盆纪末期，大约30%的动物科灭绝；第三次发生在大约2.3亿年前的二叠纪末期，大约40%的动物科灭绝，95%以上的海洋物种灭绝；第四次发生在1.85亿年前的三叠纪末期，大约35%的动物灭绝，其中包括许多菊石，80%的爬行动物也灭绝了；第五次发生在大约6500万年前的白垩纪末期，许多海洋物种灭绝了，而且统治地球两亿年的恐龙全部灭绝。

关于地球历史上五次生物物种灭绝的原因，科学界有几种观点，概括起来主要是天文灾害、地质灾害、气候灾害三个学说，这三个学说的共同点在于地球表层自然生态环境由于突发的自然灾害而发生急剧恶化，生物因不适应而大量灭绝。

研究表明，每次生物物种大灭绝之后，随着地球自然生态环境的恢复和改善，新的物种产生并逐步繁盛，进化到一个新的阶段，这个恢复和进化的时间持续上千万年。在地球历史上，生物物种曾经出现三次高峰，分别是早古生代、晚古生代和新生代，其中最高峰是在新生代的最近时期，即10000年以来的冰后期。

物种灭绝的加速

枯萎的野草，春风吹来又会吐出嫩绿的芽儿，就是那路边的小草，几经车碾人踩，仍然挣扎着开出一朵朵小小的花儿，结出一粒粒圆圆的籽儿，等待来年的春风。埋在地下深处近千年的莲子，可以重新发芽生长。人们还发现4000年前的银杏树，现在还是枝繁叶茂。事实说明，一切生物都具有强大的生命力。

自然环境不仅孕育着各种生物，而且为各种生物安排了适宜的生存条件，在白雪皑皑的雪山上，有盛开的雪莲；在雨水充沛的热带地区，有结果累累的椰树和迎风摇曳的棕榈；就是在那看来生物难于生存的南极，也有企鹅在繁衍。整个自然界到处是生命的天地，各种生物在这个天地里，各得其所，竞相发展。

在自然环境演化的历史上，有的生物种类消失了，有的生物种类发展了，这本是环境变化所产生的不可抗拒的自然现象。但是，现在世界上生物种类的消亡和兴旺，却受到人类的干预。尽管有的生物的生命力很强，也往往难逃灭绝的厄运。

据历史记录统计，近2000年以来，生活在地球上的动物有110多种兽类、139种鸟类已经灭绝。其中有1/3是在19世纪以前灭绝的；有1/3在19世纪灭绝；有1/3是在近50年内灭绝的。现在还有600多种动物面临绝种的危险，如大熊猫、朱鹮等。

生长在地球上的植物，大约有两万种以上的高等植物已濒临灭绝，占高等植物总数的10%左右。我国植物资源丰富，而且还保留了许多古老的树种，如银杏、银杉、水杉、珙桐树、香果树、鹅掌楸等。但许多珍贵稀有树种，有的已处于灭绝的边缘，不加以认真保护，就有灭种的可能。

据英国剑桥保护监视中心估计，全世界处于灭绝边缘和处于严重威胁之

银杏树

中的哺乳动物有406种，鸟类593种，爬行动物209种，鱼类242种，以及昆虫等其他动物867种。在未来三四十年中，将有6000种植物在地球上消失。而且不为人所知的那些正在消失的树种，可能比已知的数目要大得多。大型动物如非洲的大象，每年捕杀量高达8万~12万只，如果不加以保护的话，不久非洲将不会有大象了。同样，假如不采取保护措施，大猩猩、孟加拉虎、犀牛等动物，在自然界也将不复存在。

生物种的灭绝，究其原因，除了一些生物本身适应环境变化的生存能力和繁殖能力差之外，近代生物种的灭绝根本原因是人类的捕杀及人类活动改变了自然环境的性质和造成的环境污染，致使野生生物的生存环境消失和毁灭所造成的。例如，森林的砍伐和毁灭，使野生动物失去了栖息地和"避难所"；人类肆意的捕杀，破坏了生物间的相互平衡关系等，都是近50年来某些生物种迅速灭绝的原因。

某些生物种的灭绝，是人类难以弥补的损失。一些今日看来没有使用价值的生物，或许是未来人类所依赖的生物。保持生物种的多样性，对人类的生存和发展是至关重要的。此外，一些生物的灭绝，往往破坏了生物间的相互依存关系，从而影响其他生物的生存。有人估计，一种植物灭绝，可能影响二三十种生物的生存。因此，保持生物种的多样性，也是维持生态平衡、保持生物圈具有活力的关键！

人类依赖动植物而生存，而动植物种类又在人类开发利用中不断灭绝，有人针对这一事实，在1982年6月于英国伦敦举行的一次会议上说，物种灭绝的结果是"人类自己最终变成为濒于灭绝的物种"。这种说法并非一点道理也没有。假如若干个世纪之后，一旦物种大量灭绝而使生物圈完全失去活力，那肯定是环境对人类进行最残酷、最彻底报复的时刻。

高等植物

高等植物就是苔藓植物、蕨类植物、种子植物三个大类的总称。高等植物有很强的光和作用能力，生活在陆地上。

低等植物和高等植物的不同在于：

低等植物的植物体是单细胞或多细胞的叶状体，一般没有根、茎、叶等器官的分化，没有中柱，生殖器官也是单细胞的，合子（精子与卵结合而成）发育成新植物体不经过胚的阶段。

高等植物植物体一般有根、茎、叶的分化，有中柱，生殖器官是多细胞的，合子发育成新植物体经过胚的阶段。

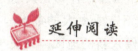

被灭绝的渡渡鸟

渡渡鸟是西方进入工业社会后，有史记载中第一种被灭绝的动物。渡渡鸟被灭绝以后，在西方就流传了一句谚语，叫"逝者如渡渡"，这句话的意思就是当一种东西消逝的时候，感觉就像渡渡鸟被灭绝了一样悲凉。

渡渡鸟，或作嘟嘟鸟，又称毛里求斯渡渡鸟、愚鸠、孤鸽，是仅产于印度洋毛里求斯岛上一种不会飞的鸟。

16世纪后期，带着来复枪和猎犬的欧洲人来到了毛里求斯。不会飞又跑不快的渡渡鸟厄运降临。欧洲人来到岛上后，渡渡鸟就成了他们主要的食物来源。从这以后，枪打狗咬，鸟飞蛋打，大量的渡渡鸟被捕杀，就连幼鸟和蛋也不能幸免。开始时，欧洲人每天可以捕杀到几千只到上万只渡渡鸟，可是由于过度的捕杀，很快他们每天捕杀的数量越来越少，有时每天只能打到几只了。

1681年，最后一只渡渡鸟被残忍地杀害了，从此，地球上再也见不到渡渡鸟了，除非是在博物馆的标本室和画家的图画中。

奇怪的是，渡渡鸟灭绝后，与渡渡鸟一样是毛里求斯特产的一种珍贵的树木——大颅榄树也渐渐稀少，似乎患上了不孕症。本来渡渡鸟是喜欢在大颅榄树的林中生活，在渡渡鸟经过的地方，大颅榄树总是繁茂，幼苗茁壮。

到了20世纪80年代，毛里求斯只剩下13株大颅榄树，这种名贵的树种眼看也要从地球上消失了。

生物入侵影响全球

"生物入侵"是指某种生物通过人类有意或无意的行为从甲地携入乙地后，大量繁殖成为优势种，对当地生态系统造成一定危害的现象。外来生物在其原产地有许多防止其种群恶性膨胀的限制因子，其中捕食和寄生性天敌的作用十分关键，它们能将其种群密度控制在一定数量之下。

豚草：我国入侵生物之一

因此，那些外来种物在其原产地通常并不造成太大的危害。但它们一旦侵入新的地区，失去了原有天敌的控制，其种群密度则会迅速增长并蔓延，很快成为生态系统的优势种，改变食物链的组成与结构以及养分与气体循环和水与能量的供应，对依赖于活体资源的农业和其他行业构成威胁，对生态环境及结构带来极大的影响。外来入侵物种包括细菌、病毒、真菌、昆虫、软体动物、植物、鱼类、哺乳动物和鸟类等。

自然界中的生物经过千万年来的进化与演替，在原产地建立与环境和其他物种相适应的生物圈，构筑一个比较平衡、稳定的生态系统。由于自然界中海洋、山脉、河流和沙漠为物种和生态系统的演变提供了天然的隔离屏障，使不同地域之间的物种交流受到限制。

近百年来，随着全球一体化进程的推进，国际交流的日益扩大，人类的作用使这些自然屏障逐渐失去它们应有的作用,外来物种借助人类的帮助,远涉重洋到达新的生境和栖息地,繁衍扩散,形成外来物种的入侵。生物入侵已成为当前最严重的全球性问题之一,严重威胁着当地乃至全球的生态环境和经济发展。

自然界中存在的生物入侵,其过程相当缓慢。但是在人类的作用下,一个要经过上千年才可能发生的入侵便可以在一天之内完成。对外来物种入侵模式的研究发现,人为原因主要是有意识引种和无意识引种。

很多外来入侵生物是随人类活动而无意传入的。通常是随人或产品通过飞机、轮船、火车、汽车等交通工具,作为偷渡者或"搭便车"被引入到新的环境。随着国际贸易的不断增加,对外交流的不断扩大以及国际旅游业的快速升温,外来入侵生物借助这些途径越来越多地传入我国。

一是随人类交通工具进入:许多外来物种随着交通路线进入和蔓延,加上公路和铁路周围植被通常遭到破坏而退化,使得这些地方成为外来物种最早或经常出现的地方。如豚草多发生于铁路公路两侧,最初是随火车从朝鲜传入的;新疆的褐家鼠和黄胸鼠也是通过铁路从内地传入的。

二是船只携带:远洋货轮空载离岸时,需要灌注"压舱水",异地装载时须排放"压舱水",一灌一排,大量的生物随"压舱水"移居异地,由此引发海水污染和生物入侵。我国沿岸海域有害赤潮生物有16种左右,其中绝大部分是通过压舱水等途径在全世界各沿岸海域相互传播。

三是海洋垃圾:人类向海洋排放的废弃物越来越多,吸附在废弃垃圾上的漂浮海洋生物顺洋流向世界各地,进犯这些国家和地区,从而对入侵地的物种造成威胁。如海洋垃圾使向亚热带地区扩散的生物增加了一倍,在高纬度地区甚至增加了2倍多。

四是随进口农产品和货物带入,许多外来入侵物种是随引进的其他物种掺杂携入的。如大量杂草种子是随粮食进口而来,毒麦传入我国就是随小麦引种带入

毒 麦

的，一些林业害虫是随木质包装材料而来。

五是随旅游者带入：随着国际旅游市场的开放，跨国旅游不断增加，通过旅游者异地携带的活体生物，如水果、蔬菜或宠物，可能携带有危险的外来入侵物种。我国海关多次从入境人员携带的水果中查获到地中海实蝇等。此外，也有一些物种可能是由旅游者的行李黏附带入我国的。

人类为了某种目的引进新物种或品种，使某个物种有目的地转移到其自然分布范围及扩散潜力以外的地区。我国是一个深受外来物种侵害的国家，最根本的原因之一就是我国是一个引进国外物种最多的国家。

我国引种历史悠久，从外地或国外引入优良品种更有悠久的历史。早期的引入常通过民族的迁移和地区之间的贸易实现。随着经济的发展和改革开放，几乎与养殖、饲养、种植有关的单位都存在大量的外地或外国物种的引进项目。由于过分相信"外来的和尚会念经"，我国在引种方面存在着一定的盲目性、无序性以及短视性，从而导致大量生物入侵事件的发生。在我国目前已知的外来有害植物中，超过50%的种类是人为引种的结果。

有意引种的目的多种多样，主要可以分为以下方面：

一是作为牧草、饲料或人类食物引进。如作为牧草、饲料引进的空心莲子草（又名水花生）、紫苜蓿、凤眼莲；作为蔬菜引进的番杏、尾穗苋、落葵；作为水果引进的番石榴、鸡蛋果，作为食用动物的大瓶螺、褐云玛瑙螺等。

凤眼莲

二是作为观赏生物引进。猎奇心理使得人们不断从本地之外引进动、植物来作为观赏植物或宠物，当这些生物逃逸或被人们遗弃到野外时，就有可能成为危险的外来入侵物种，如加拿大一枝黄花、含羞草、红花酢浆草、食人鲳等。

三是作为药用植物引进。我国传统中医药绝大部分为我国原产，也有部分为外来物种，其中一些已经成为入侵种，如肥皂草、土人参、垂序商陆、洋金花等。

四是作为改善环境植物引进。如为了修复受损的环境，人类片面地看待外来物种的某些特点而引入一些危险的外来物种。如互花大米草、薇甘菊和凤眼莲等。

压舱水

压舱水是为了保持船舶平衡，而专门注入的水。

全世界每年约有100亿吨压舱水随着船只在不同港口装卸货物而进行抽取及排放。每日，有超过3000种的海洋植物和动物随着压舱水被转移离开原生地。

蜣螂"出国"

1770年，澳大利亚的殖民者引进了黄牛，发展了养牛业：澳大利亚具有众多的天然牧场，丰富的地下水，温暖的气候，冬季无暴风雪的天气，再加上无虎、豹、狼等凶猛的野兽，很适宜养牛业的发展，当时国际市场上牛肉价格的上涨，进一步刺激了养牛业的发展，澳大利亚牛的存栏数迅速增加。

伴随着牛的数量增长，新的生态问题又出现了。牛在草原上排出了大量粪便，再加上其他牲畜的粪便，平均每天在草原上要留下1亿千克左右的粪便。这些粪便遮盖住了牧草，影响了植物的光合作用，引起草原牧草成片的死亡，同时粪便还大量滋生蚊蝇，严重影响环境卫生。

这一情况不能不使澳大利亚的科学家忧心忡忡。此时一种叫蜣螂的小昆虫引起科学家的重视。

蜣螂俗名屎壳郎，体圆而纯黑，背有硬壳，专以粪便为食。它以土裹粪，再转成丸，并推到洞里，将卵产在丸内，然后用土掩埋起来，作为"育儿房"，孵化的幼虫就以粪球为食。

20世纪30年代，澳大利亚的科学家从我国大量引进屎壳郎，投放到草原上充当"清洁工"。几年过后，大草原又恢复了勃勃生机。

生物入侵的危害

生物入侵会对当地生态系统造成严重的危害。这主要表现在以下几个方面：

1. 促进物种灭绝。

外来入侵物种通过竞争或占据本地物种的生态位，排挤本地物种，成为优势种群，使本地物种的生存受到影响甚至导致本地物种灭绝。在全世界濒危物种名录中的植物，大约有35%～46%是由外来生物入侵引起的。最新的研究表明，生物入侵已成为导致物种濒危和灭绝的第二位因素，仅次于生境的丧失。

我国1979年从美国引进了具有固沙促淤的互花米草，在福建沿海等地试种之后大规模推广。由于缺少天敌，互花米草在整个福建等地沿海地区大量蔓延，已成为沿海海滩的霸主，导致鱼类、贝类因缺乏食物大量死亡，水产养殖业遭受致命创伤，而食物链断裂又直接影响了以小鱼为食的岛上鸟类的生存，沿海滩涂大片红树林的死亡就是互花米草造成的恶果。

黑鱼，学名黑鳢，俗称为乌鱼。在我国，这只是一种普通的淡水鱼。但被无意带入美国后，引起不小的恐慌，甚至被称之为"地狱鱼"。由于黑鱼生性凶猛，大量捕食美国河流中的鱼类，而且繁殖力强，挤占本地水域中其他肉食鱼类的食物资源，使当地肉食性鱼类也受到威胁。据美国媒体的报道，在黑鱼灾害最严重的马里兰州，一些河流中原本繁盛的鲑鱼已经绝迹。

2. 扰乱生态秩序。

在自然界长期的进化过程中，生物之间相互制约、相互协调，将各自的种群限制在特定的栖息环境，形成了稳定的生态平衡。这种关系在一定的地域内是相对稳定的，但如果遭到"外来生物"的干扰，脆弱的平衡就会被破坏。

外来入侵物种给当地生态系统带来灾难性影响包括：

外来入侵物种抢占本地物种的生态位，导致本地物种失去生存资源而萎缩，甚至是物种灭绝，从而改变生态系统的物种组成；

外来入侵物种通过形成大面积优势群落，降低物种多样性，使依赖于当地物种多样性生存的其他物种没有适宜的栖息环境，使整个生态系统食物链结构被破坏，最终结果是生物多样性被破坏，物种单一化。

外来入侵物种改变环境条件和资源的利用方式，使生态系统的能量流动、物质循环等功能受到影响。而结构与功能相对应，原本平衡的生态系统物种结构被破坏后，系统失衡，原本的生态功能丧失，如调节气候、保持土壤、涵养水分、维持营养物质循环、净化环境、维持生态的稳定等生态功能丧失，从而导致一系列的生态安全问题。

黑 鱼

3. 给人类和动植物健康带来危害。

生物入侵不仅仅侵占本地物种的生态位，而且常常产生有毒有害物质，或者入侵者本身就是病毒，严重影响当地人类和其他动植物的健康。

近几年来，严重影响国际经济的口蹄疫、疯牛病、禽流感等都是典型的生物入侵。进入21世纪，一系列的疫病开始在世界各地肆虐。首先是口蹄疫危机的暴发，在2001年一年内，英国共发现病例2030起，其间共有400多万头牲畜被屠宰，政府甚至动用了军队参与帮助屠宰和掩埋。

2005年5月我国内地北京、山东、江苏等地部分地区相继发生了亚洲Ⅰ型口蹄疫疫情，政府及时启动防控口蹄疫应急预案，封锁疫区，捕杀牲畜，严格消毒，加强疫情监测，疫情才得到有效控制。2002年口蹄疫风波刚结束，欧洲乃至整个世界又陷入到疯牛病漩涡中。

疯牛病是人畜共患的疾病，到2002年2月，全球发现疯牛病死亡者为114例，患者121例，目前疯牛病的死亡率是100%。有专家认为，2020年疯牛病患者可达几十万人，有可能威胁人类生存。2004年～2005年人禽共患的禽流感再次让人类恐慌，2005年7月到11月，全世界已有超过1.4亿只的家禽染病死亡或遭捕杀，造成的经济损失高达100亿美元。世界卫生组织证实有125人染上禽流感，其中64人死亡。

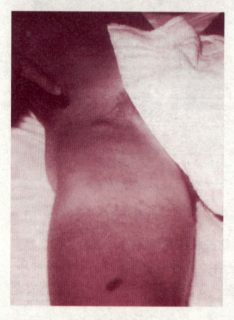

鼠疫患者

除了疯牛病、口蹄疫外，古今中外由于有害生物危害人类健康和农业生物的安全，给人类带来的灾难都是十分沉痛的。公元5世纪下半叶，鼠疫从非洲侵入中东，进而到达欧洲，造成约1亿人死亡。麻疹、天花、淋巴腺鼠疫以及艾滋病严重影响人类健康的疾病，都是生物入侵的恶果。

人类对热带雨林地区的开垦，为更多的病毒入侵提供了新的机会，其中包括那些以前只在野生动物身上携带的病毒，使许多新的疾病在人类身上发生，如多年前袭击刚果等地的埃博拉病毒。

生物入侵除了直接导致人与动植物生存环境和健康遭受破坏外，有些外来入侵种还通过释放有害物质来损害其他物种的健康。原产北美的豚草和三裂叶豚草现分布在我国东北、华北、华东、华中地区的15个省市。豚草的花粉是引起人类花粉过敏症的主要病原体，对人的健康危害很大，可造成过敏性哮喘、鼻炎、皮炎，每年同期复发，病情逐年加重，严重的会并发肺气肿、心脏病乃至死亡，这就是"枯草热"症。紫茎泽兰含有的毒素易引起马、羊的气喘病。

外来生物一旦入侵成功，即在本土快速生长繁衍，改变本土生态环境，危害本土的生产和生活，造成巨大的经济损失。要彻底根除这些入侵物种极为困难，而且用于控制其危害、扩散蔓延的代价极大，费用极为昂贵。

生物入侵给生态带来的危害主要是通过以下三种方式实现的：

一是与农业作物竞争生态位，带来疾病，增加生产成本，减少作物产量，带来直接经济损失。如水花生对水稻、小麦、玉米、红薯和莴苣5种作物全生育期引致的产量损失分别达 45%、36%、19%、63%和47%。美洲斑潜蝇寄生在22个科的110种植物上，尤其是使蔬菜瓜果

非洲大蜗牛

类受害严重，危害面积达100多万公顷，每年防治斑潜蝇的费用需4.5亿元。松材线虫、湿地松粉蚧、松突圆蚧、美国白蛾、松干蚧等入侵害虫每年使150万公顷左右的森林受灾。稻水象甲、美洲斑潜蝇、马铃薯甲虫、非洲大蜗牛等入侵害虫每年使140万~160万公顷农田受灾。

二是外来入侵物种改变当地生境，带来一系列的间接经济损失，增加社会的生态成本。如水葫芦植株死亡后与泥沙混合沉积水底，抬高河床，使很多河道、池塘、湖泊逐渐出现了沼泽化，有的因此而被废弃，由此对周围气候和自然景观产生不利变化，加剧旱灾、水灾的危害程度；而且水葫芦植株大量吸附重金属等有毒物质，死亡后沉入水底，构成对水体的二次污染。

三是治理入侵带来的恶果需要大量的经济支出。逆转生物入侵带来的破坏，修复其生态损害需要相当大的经济支持，而且是一个漫长的过程。20世纪50年代我国大量引入的水葫芦疯狂繁殖，堵塞河道影响通航，严重破坏江河生态平衡，每年的打捞费用高达5亿~10亿元，造成经济损失近100亿元。

疯牛病

疯牛病，即牛脑海绵状病，简称BSE。1986年11月将该病定名为BSE，首次在英国报刊上报道。这种病波及世界很多国家，如法国、爱尔兰、加拿大、丹麦、葡萄牙、瑞士、阿曼和德国。

医学家们发现BSE的病程一般为14天~90天，潜伏期长达4年~6年。这种病多发生在4岁左右的成年牛身上。其症状不尽相同，多数病牛中枢神经系统出现变化，行为反常，烦躁不安，对声音和触摸，尤其是对头部触摸过分敏感，步态不稳，经常乱踢以至摔倒、抽搐。

发病初期无上述症状，后期出现强直性痉挛，粪便坚硬，两耳对称性活动困难，心搏缓慢，呼吸频率增快，体重下降，极度消瘦，以至死亡。经解剖发现，病牛中枢神经系统的脑灰质部分形成海绵状空泡，脑干灰质两侧呈对称性病变，神经纤维网有中等数量的不连续的卵形和球形空洞，神经细胞肿胀成气球状，细胞质变窄。另外，还有明显的神经细胞变性及坏死。

我国第一批外来入侵物种

1. 紫茎泽兰

原产地：中美洲、在世界热带地区广泛分布。

我国分布现状：分布于云南、广西、贵州、四川（西南部）、台湾、垂直分布上限为2500m。

2. 薇甘菊

原产地：中美洲；现已广泛分布于亚洲和大洋洲的热带地区。

我国分布现状：现广泛分布于香港、澳门和广东珠江三角洲地区。

3. 空心莲子草

原产地：南美洲；世界温带及亚热带地区广泛分布。

我国分布现状：几乎遍及我国黄河流域以南地区。天津近年也发现归化植物。

4. 豚草

原产地：北美洲；在世界各地区归化。

我国分布现状：东北、华北、华中和华东等地约15个省、直辖市。

5. 毒麦

原产地：欧洲地中海地区；现广泛分布世界各地。

我国分布现状：除西藏和台湾外，各省（区）都曾有过报道。

6. 互花米草

原产地：美国东南部海岸；在美国西部和欧洲海岸归化。

我国分布现状：上海（崇明岛）、浙江、福建、广东、香港。

7. 飞机草

原产地：中美洲；在南美洲、亚洲、非洲热带地区广泛分布。

我国分布现状：台湾、广东、香港、澳门、海南、广西、云南、贵州。

8. 凤眼莲

原产地：巴西东北部；现分布于全世界温暖地区。

我国分布现状：辽宁南部、华北、华东、华中和华南的19个省（自治区、直辖市）有栽培，在长江流域及其以南地区逸生为杂草。

9. 假高粱

原产地：地中海地区；现广泛分布于世界热带和亚热带地区，以及加拿大、阿根廷等高纬国家。

我国分布现状：台湾、广东、广西、海南、香港、福建、湖南、安徽、江苏、上海、辽宁、北京、河北、四川、重庆、云南。

10. 蔗扁蛾

原产地：非洲热带、亚热带地区。

我国分布现状：已传播到10余个省、直辖市。在南方的发生更严重，在这些地区凡能见到巴西木的地方几乎都有蔗扁蛾发生危害。

11. 湿地松粉蚧

原产地：美国。

我国分布现状：广东、广西、福建等地有报道。

12. 强大小蠹

原产地：美国、加拿大、墨西哥、危地马拉和洪都拉斯等美洲地区。

我国分布现状：现分布于山西、陕西、河北、河南等地。

13. 美国白蛾

原产地：北美洲。

我国分布现状：现分布于辽宁、河北、山东、天津、陕西等地。

14. 非洲大蜗牛

原产地：非洲东部沿岸坦桑尼亚的桑给巴尔、奔巴岛，马达加斯加岛一带。

我国分布现状：现已扩散到广东、香港、海南、广西、云南、福建、台湾等地。

15. 福寿螺

原产地：亚马孙河流域。

我国分布现状：广泛分布于广东、广西、云南、福建、浙江等地。

16. 牛蛙

原产地：北美洲落基山脉以东地区，北到加拿大，南到佛罗里达州北部。

我国分布现状：几乎遍布北京以南地区（包括台湾），除西藏、海南、香港和澳门外，均有自然分布。

生态问题防治:前途光明
SHENGTAI WENTI FANGZHI QIANTU GUANGMING

生态问题的出现,是当前人类文明发展中所遇到的最大现实困境之一。对生态问题的认识和解决推动着社会发展的转向。即从只关注人类及其社会本身的发展转向既关注人类及其社会的发展又关注生态环境的发展,体现为对人与自然关系的重新审视和定位。其中心问题就是在一定的生态环境观的指导下,通过对工业化生产方式的生态化改造,重建人与自然的和谐,以实现自然、社会与人的可持续发展。

人类只有一个地球,我们也只有这一片国土。只有善待我们赖以生存的土地、河流、空气、矿山、森林、草原和海洋,才能促进人与自然和谐相处,为我们自己更为我们子孙后代留下持续发展的家园。

生态安全体系

2006年6月5日是第三十五个世界环境日,在这个世界环境日中,我国提出了"生态安全与环境友好型社会"的主题。时任国家环保总局副局长的吴晓青在出席生态安全高层论坛时指出,生态安全是国家安全的重要组成部分。说明生态安全是当前社会一个不可忽视的问题,我国正在为促进生态安全方面的工作进行着不懈的努力。

生态安全是近年来提出的新概念，有广义和狭义两种含义。前者是国际应用系统分析研究所提出的定义，即生态安全是指在人的生活、健康、安乐、基本权利、生活保障来源、必要资源、社会秩序和人类适应环境变化的能力等方面不受威胁的状态，包括自然生态安全、经济生态安全和社会生态安全，组成一个复合人工生态安全系统。狭义的生态安全是指自然和半自然系统的安全，即生态系统完整性和健康的整体水平反映。功能不完全或不正常的生态系统就是不健康的生态系统，其安全状况处于受威胁之中。

国际生态安全合作组织在其评估体系中指出：生态安全通常是指主体存在的一种不受威胁、没有危险的状态。由水、土、大气、森林、草原、海洋、生物组成的自然生态系统是人类赖以生存、发展的物质基础。当一个国家或地区所处的自然生态环境状况能够维系其经济社会可持续发展时，它的生态就是安全的；反之，就是不安全的。

生态安全有如下的特征：

1. 生态影响的深远性。

导致生态危机诸因素的生成、作用和消除时间，比起影响军事、政治、经济安全的诸因素都要长得多。由于生态失衡带来的影响是缓慢表现出来的，因此生态影响对后代的影响远远大于当代。这就是生态影响的深远性。

2. 生态后果的严重性。

相当一些生态过程一旦超过其"临界值"，生态系统就无法恢复，受到人类破坏的大自然的报复或者不给人类机会，即让后来者没有纠正错误和"重新选择"的余地，或者要付出十倍、百倍于当初预防和及时治理的代价。

3. 生态破坏的不可逆性。

生态环境的支撑能力有其一定限度，生态破坏一旦超过其环境自身修复的阈值，往往造成不可逆转的后果。比如，野生动植物物种一旦灭绝就永远消失了，人力无法使其重新恢复；再如，我国西南地区出现的"石漠化"

石漠化

土地，流失的土壤是人力很难恢复的，可以说是不可逆转的。

4. 生态恢复的长期性。

许多生态环境问题一旦形成，若想解决就要在时间和经济上付出很高代价。比如改变沙化土地，使之恢复原来的面貌，往往要数十年甚至几代人的努力，经济代价也很高。如云南滇池污染的治理历时10年，投入40多亿元人民币，但治理效果却不明显。

5. 生态系统的整体性。

生态环境的大系统中一切都是相连相通的，任何局部环境的破坏，都有可能引发全局性的灾难，甚至危及整个国家和民族的生存条件。

气象学家洛伦兹1963年提出来的蝴蝶效应很好地说明了生态系统的整体性。一只南美洲亚马孙河流域热带雨林中的蝴蝶，偶尔扇动几下翅膀，可能在2周后在美国得克萨斯引起一场龙卷风。其原因在于：蝴蝶翅膀的运动，导致其身边的空气系统发生变化，并引起微弱气流的产生，而微弱气流的产生又会引起它四周空气或其他系统产生相应的变化，由此引起连锁反应，最终导致其他系统的极大变化。

人类历史上曾经出现过多起这方面的例子。比如美索不达米亚平原上的巴比伦文明、地中海地区的米诺斯文明、巴勒斯坦"希望之乡"等文明的相继衰弱和消亡，都是生态环境破坏导致的可悲后果。我国唐代的丝绸之路，当时许多地区还是森林密布，河流不息，出现了许多繁荣的城镇。随着不适当的垦殖和对森林的砍伐，

黄土高原

加上气候的恶劣，才变成今天这种大面积不毛之地。在黄河流域，先秦时期还是植被茂密，黄土高原森林覆盖率超过50%，我们的先民逐水而居，创造了辉煌的古代文明。自秦统一中国之后，由于毁伐森林，无节制地开垦，到唐代安史之乱后，昔日繁华的黄河流域，竟到了"居无尺椽、人无烟灶、萧条凄惨、兽游鬼哭"的地步。从当前来看，许多环境问题也都是由小范围、

小局部逐渐蔓延扩大成大范围、大区域性的问题。

6. 生态安全的全民性。

生态安全关键到人类每一个个体的安全，保护生态安全是每个人的责任。即使是单个人对环境的破坏，也会影响到生态的安全，因此生态安全具有全民性。只有每个人都参与到环境建设中，从一点一滴做起，积极开展环保公益活动，弘扬环境文化，倡导生态文明，才能在全社会形成保护生态环境的良好氛围，才有利于生态安全的建设。

7. 生态安全的全球性。

地球环境是一个有机的共同体，因果关系千丝万缕，生态破坏绝不会因一墙之隔而得到抑制，更不会因人为的某种界限或武装力量的抵御而受阻隔。人类只有一个共同的地球，一损俱损，受损的生态环境在影响一国的同时对他国也存在着不容忽视的影响。因此，生态安全是跨国界的。如国际性河流中，上游国家的污染物排放或渗漏，可能危及下游国家的用水安全。

实际上，目前世界各国已经面临各种全球性环境问题，包括气候变化、臭氧层破坏、生物多样性迅速减少、土地沙化、水源和海洋污染、有毒化学品污染危害等。在生态安全问题上，各国有着相当广泛的共同利益，因此也最有可能开展国际合作。

生态安全本质上是围绕人类社会的可持续发展，促进经济、社会和生态三者之间和谐统一。它既是可持续发展所追求的目标，又是一个不断发展的体系。具体来说，生态安全是一个由生物安全、环境安全和系统安全3方面组成的动态安全体系。

考虑经济和社会因素对生态安全体系的影响，经济安全就构成了生态安全的动力和出发点，而生物安全、环境安全则构成了生态安全的基石。

生物安全

1. 生物多样性的消失。地球上动物、植物和微生物之间相互作用以及与其所生存自然环境间的相互作用，形成了地球上丰富的生物和生态系统多样性。由于食物链的作用，地球上每消失一种植物，往往有10种~30种依附于这种植物的动物和微生物也随之消失。每一物种的消失，必然减少自然和人类适应变化条件的选择余地。生物多样性的减少，不仅恶化了人类和其他生物的生存环境，而且限制了人类和其他生物生存和发展机会的选择，甚至严重威胁人类和其他生物的生存与发展。

2. 生物入侵。前面我们已经讲过生物入侵是指外来物种给当地生物和环境造成的危害,而这种危害常常是灾难性的。

3. 转基因生物。人类为了自身的生活并获得足够的食物,大量运用现代科学技术来改造目前人类栽培、养殖的生物和基因,出现了转基因生物,这对于一个地区和全球生态系统是福是祸仍然是一个未知数,因此就存在转基因生物的安全性问题。

转基因生物种植园

地球上的生物经过千百万年的演变进化,各自拥有区别于其他物种生物并且相对稳定的遗传物质基础——基因。在自然规律下,交叉繁殖只会在相同的物种之内发生,使得物种的变化速度相对缓慢。现代生物技术的迅速发展,在给人类带来巨大利益的同时,基因技术的进步对自然界中存在的生物种群也带来了基因杂交、漂移、变异的风险。大量的转基因生物形成了特殊的生命形式,以超过自然进化千百万倍的速度介入到自然界中来。这是否会打破自然界的生态平衡,从而导致对环境的危害?不得而知。

转基因生物对生态环境的潜在威胁可能造成农作物品种单一化、形成害虫害草的抗药性,威胁生物多样性及其生物遗传。

转基因生物还可能导致野生生物种类资源缺失,并极有可能使变异后的基因或转基因通过生态和遗传渠道影响整个地球的生物和生存环境。

环境安全

在现代化的工业生产和农业生产过程中,诸如工业"三废"、化肥、农药等物质对人类生存的环境造成了巨大的环境危害,加上人类的生活方式和大量消耗能源,造成全球气候变暖、臭氧层破坏、生物多样性的减少和区域性的酸雨等,通过食物链以及物质和能量的流动转移,所有这些问题会在生物、环境中积累,最终在生态系统安全方面暴发和体现,从而威胁到整个地球。

生态系统安全

生态系统安全主要受人类土地利用与覆盖变化的驱动力及其动态的影响。大量案例研究表明，土地利用与覆盖变化是在自然的生物物理条件与人类社会因素共同作用下，在不同时空尺度上所表现出来的一系列景观变化。其中气候变化、水文条件的变化、土地使用制度的变化、经济体制的变化、技术进步的变化、人类社会行为的变化是引起土地利用及其覆盖变化的主要因素。

国家生态安全

国家生态安全，是指一国生存和发展所处生态环境不受或少受破坏和威胁的状态。实现生态安全，主要是保持土地、水源、天然林、地下矿产、动植物种质资源、大气等生态资源的保值增值、永续利用，使之适应国民教育水平、健康状况所体现的"人力资本"以及机器、工厂、建筑、水利系统、公路、铁路等所体现的"创造资本"持续增长的配比要求，避免因自然资源衰竭、资源生产率下降、环境污染和退化给社会生活和生产造成短期灾害和长期不利影响，实现经济社会的可持续发展。对于经济快速稳步发展的我国来讲，人口、资源、环境问题日益突出，高度重视国家生态安全势在必行。

当前国家生态安全的内容主要有4个方面：国土资源安全、水资源安全、大气资源安全和生物物种安全。

1. 国土资源安全。国土资源安全是指国土资源的数量、质量和结构始终处于一种有效供给状态，即在动态上满足当代人和未来所有人发展的需要。

2. 水资源安全。水资源安全就是指水资源的可持续利用，或者是水资源的供给和需求的动态平衡。

3. 大气资源安全。大气资源安全是指大气质量维持在受纳体可接受的水平或不对受纳体造成威胁和伤害的水平。

4. 生物物种安全。生物物种安全是指生物及其与环境形成的生态复合体、相关生态过程达到一种平衡的状态，保证物种多样性、遗传多样性和生态系统多样性。

生态问题防治：前途光明

我国是世界生物物种最丰富的国家之一，但现在已经有1431种动植物处于濒危或接近濒危状态，《国家重点保护植物名录》公布的珍稀濒危野生植物354种，《国家重点保护动物名录》公布的珍稀濒危野生动物405种。由于野生资源的日益减少，造成全国经常使用的500多种药材每年约有20%短缺，尤其是占药材市场80%供

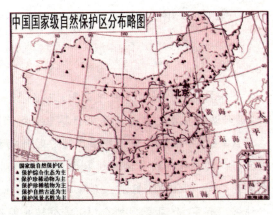

中国国家级自然保护区分布略图

应量的野生药材严重短缺，对中药产业的发展带来了不利影响。同时，外来物种不断侵入我国，威胁到我国生物物种的安全。

石漠化

石漠化是"石质荒漠化"的简称，指在喀斯特脆弱生态环境下，由于人类不合理的社会经济活动而造成人地矛盾突出，植被破坏，水土流失，土地生产能力衰退或丧失，地表呈现类似荒漠景观的岩石逐渐裸露的演变过程。

从成因来说，导致石漠化的主要因素是人为活动。由于长期以来自然植被不断遭到破坏，大面积的陡坡开荒，造成地表裸露，加上喀斯特石山区土层薄，基岩出露浅，暴雨冲刷力强，大量的水土流失后岩石逐渐凸现裸露，呈现"石漠化"现象，并且随着时间的推移，"石漠化"的程度和面积也在不断加深和发展。

延伸阅读

转基因生物发展现状

全球转基因作物累计种植面积已达到10亿公顷，相当于我国耕地面积的8倍，转基因技术已成为近年来世界农业增产的重要手段。

自1996年以来，国内外推广转基因作物种植，到2011年整整走过了16年历程，种植转基因作物的国家由6个增加到29个；种植面积由170万公顷发展到1.48亿公顷。目前，全球有29个国家批准了24种转基因作物的商业化种植，有53个国家批准了110多个转基因产品进入市场。

我国2008年启动了《转基因生物新品种培育重大专项》，2009年国务院发布了《关于促进生物产业发展的若干政策》，生物育种被列入国家"战略性新兴产业规划"。农业部还发文指出，转基因技术在缓解资源约束、保障食物安全、保护生态环境、拓展农业功能等方面显示出巨大潜力，是农业领域发展速度最快、应用前景最广、经济效益最为可观的核心技术。

我国转基因技术近年来取得了显著进展。截至目前，我国已为抗虫棉花、抗病番木瓜等7种转基因植物批准发放了农业转基因生物安全证书。此外，还批准了转基因棉花、大豆、玉米、油菜等4种作物的进口安全证书。

加强资源的再次利用

资源的再次利用是伴随着资源的高消费水平而出现的。

19世纪第一次产业革命发生以前，人类的资源（确切地说是原材料）消费量并不很大，当然木材是一个例外。然而，自那时以后，原材料的使用量便以前所未有的速率增长，尤其是化石燃料和矿物原料的使用量更是直线上升。以工业化国家为例，这些国家是建立在大量消耗原材料和能源基础上的。世界观察研究所发表的资料表明，尽管目前西方各工业化国家的材料消费水平趋于稳定，但和历史水平相比还是相当高的。

发展中国家的资源消费无疑在以一个更大的速率增长，这是他们为了追求更快的发展速度而造成的。然而由于基数很小，发展中国家和发达国家之间在人均原材料消费水平方面的差距仍然很大。

由于各自的经济实力和发展水平差别较大，发达的工业国家和发展中国家对于资源高消费的主要危险的认识不尽相同。

发达的工业国家认为，这种危险主要表现在提炼和加工原材料对环境产生的连续破坏。他们认为对原材料的获取和加工是人类最具破坏性的活动。每年，由于维持巨大数量的原料生产，数百万公顷的土地被毁坏，几百万棵树木被砍伐，而且还不可避免地要产生数十亿吨的固体废物。

采矿也是如此，采矿为工业化社会提供了大部分原料，但同时它也是人类最具破坏性的活动之一。举例来说，采矿通常要清除掉矿床上面的生态系统或人类的居住地，从矿石中提炼有益组分要消耗大量能源，同时还会产生大量的污染和废物（尾砂等）。

采　矿

这些污染并不广为人知。矿山开采所造成的污染是立体交叉式的，矿山废液不仅污染地表水，而且污染土壤并通过向下渗透污染地下水。此外，在后续的熔炼阶段释放出的大量有毒化学物质二氧化硫、砷和重金属对周围地区的空气造成了污染。

这是原料生产——消费循环的一端的情形。在另一端，以前，绝大多数国家都是把各自消耗了的大部分原材料作为废物抛弃掉——这种情况目前已经有所改观——这就产生了废物处理难题，甚至一度导致了"垃圾危机"。

对于这一点，发展中国家都有同感。和发达国家认识上的差异是，发展中国家更担心的是高消费将耗尽其所拥有的资源。

无论是发展中国家还是发达国家，在下列问题上的看法是一致的，即必须重视并解决日益增加的"废物"问题。这对于试图提高资源利用效率的国家来说尤为重要。解决问题的途径有2种：

1. 减少原材料和能源的消费量，以尽可能少的、最合适的原材料来满足人们的需要。

2. 废弃物资源化。前者在有关的开发新能源和新材料章节里可以找到答案,后者实际上就是资源二次利用。

资源再次利用的内容非常广泛,简单地说,包括生产过程中的尾矿(砂)、废弃物的再利用,产品的直接再使用、回收利用等。具体地说,资源再次利用包括:从废弃物处理中回收某些物质;利用废弃物制取新的物质,回收废弃物并经过深加工获得新用途;从废弃物中回收能源;以及某些产品的重复使用等。

自20世纪70年代世界性的以能源危机为标志的资源危机暴发以后,全世界加快了资源二次利用的步伐,特别是日本和西欧一些人口密度大、资源匮乏的国家已走在了世界的前列。废弃物的回收利用已逐渐发展成为社会的一大产业。

废铝回收

废弃物的回收利用使西方工业国家可以减少焚烧垃圾和掩埋垃圾的数量,从而达到环境保护的重要目标。对于更多的国家(包括上述发达的西方国家)来说,直接的经济效益和资源效益更能说明问题的实质。

废铝回炼所需的能源只相当于从铝土矿矿石中炼铝能耗的5%;利用废钢材炼钢可降低能耗三分之二;用碎玻璃回炉重熔,比从头生产节约近三分之一的能源;用回收废纸造白报纸,比用纸浆节约40%~75%的能源;而一个重为12盎司的可重装玻璃瓶重复使用10次所需的能源,则为再生铝罐或玻璃容器每使用一次所需能源的24%。

对于所有的国家来说,废弃物循环利用还是直接使土地、大气和水污染大幅度减少的关键性手段之一。有资料表明,利用废钢铁炼钢可以使空气污染减少85%,水污染减少76%;利用废纸造纸可以减少74%的空气污染物和35%的水污染物。

正是基于上述这些因素，人们有理由相信资源二次利用产业化的趋势将会一浪高过一浪，并终将成为一个充满前途和活力的新兴产业。

目前，已经提出了不同种类的废弃物回收利用的相对价值排序表，即利用已使用过的物品制造同类新产品是最有价值的，而价值最小的是将废料变成物理特性差的产品，其中的判断标准是所回收的材料是否用来替代生产中的原材料，以便形成良好的封闭循环系统。

废弃物回收利用的总目标，也可以说是资源回收利用的总目标是减少进入社会及由社会产出的材料总量，以免除原材料的提炼和加工，或减少处理废物的费用。这一目标也是未来社会的资源二次利用目标。

从上述标准和目标出发，我们应在鼓励对废弃物进行广泛回收利用的前提下，提醒人们特别要重视玻璃和金属材料的回收利用。道理不言而喻：回收这些材料可节约大量的能源，并可减少原材料生产产生的各种污染。

其次是水和纸张的回收利用。城镇居民用水和工业废水的循环使用是解决供水不足的最有效、最简捷的办法，部分国家已经这样做了，预计21世纪水的循环使用将在大部分国家里得到普及。纸张的回收利用在人们的印象之中是做得最好的，今天我们看到的报纸、书刊一类的印刷品越来越多地出现了回收利用的标志。

报纸回收

然而，值得重视的一个问题是：工艺越来越复杂的合成材料再次回收利用的余地不如使用天然原材料制成的产品回收利用的余地大，这是未来需要解决的。除此之外，来自若干研究中心的令人鼓舞的研究成果，为人类最终能够抛弃以前乃至今天我们所处的"浪费的社会"树立了坚强的信心。

据纽约昆斯学院自然系统生物中心的研究人员估计，目前美国固体废弃物的理论回收率可达85%~90%，而且纽约东汉普顿100个自愿者家庭参与的一项试验计划,已经取得了84%的废弃物回收率的优异成绩。这表明了资源二次利用的潜力所在。

再来看一下原料生产过程中的废弃物再利用问题。

金属矿山尾矿（砂）的处理比较复杂。在多数发展中国家,由于技术方面的限制只能将大部分的尾矿堆置于山涧、沟谷或可耕地上,从而带来了严重的环境生态问题。这里要讨论的是这些尾矿中所含有的大量有用组分——共伴生金属（元素）或品位较低的矿石,以及大量的脉石矿物（石英和硅酸盐等）的再利用问题。

从理论上讲,这些尾矿都可以加以利用,但目前由于技术尚不过关、成本较高以及市场等原因还很难做到这一点。本来,其中的脉石矿物是极好的砖、瓦、卫生陶瓷等建筑材料,但由于离市场太远——大多数金属矿山都位于偏僻的山区或远离人类居住的地方,综合利用的步伐显得缓慢、沉重和力不从心。然而,未来的技术进步和资源需求方面的渴望将会彻底解决这一问题,现在的一些成功的尝试预示了这一前景的存在。

煤矸石

煤矿开采中的煤矸石和粉煤灰也属于此类问题,不同的煤矸石和粉煤灰的利用已经被广泛地加以重视并付诸行动了。只要有煤炭开采就必然伴随而来的矸石也是一种资源,这种认识被越来越多的人所接受,有关的研究机构在政府的大力支持下,开发出许多种有效利用煤矸石的技术和工艺,并致力于在更大的范围内推广应用。粉煤灰中残余的热值使得它可以重新被制成各种型煤而再次贡献出自己的能量。

煤矸石

煤矸石是采煤过程和洗煤过程中排放的固体废物,是一种在成煤过程中与煤层伴生的一种含碳量较低、比煤坚硬的黑灰色岩石。包括巷道掘进过程中的掘进矸石、采掘过程中从顶板、底板及夹层里采出的矸石以及洗煤过程中挑出的洗矸石。

目前煤矸石主要被用于生产矸石水泥、混凝土的轻质骨料、耐火砖等建筑材料,此外还可用于回收煤炭,煤与矸石混烧发电,制取结晶氯化铝、水玻璃等化工产品以及提取贵重稀有金属,也可作肥料。

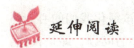

我国废纸回收利用现状

虽然我国废纸利用率(利用量/产量)高达49%,但废纸回收率(回收量/消费量)却低于30%。我国造纸的废纸原料的进口依赖度逐年上升,2003年已经高达40%。国内废纸的回收率却没有改善,而且回收的废纸也大量被技术落后的小企业加工成纸板、卫生纸等低档次产品,没有发挥废纸的资源价值,还带来严重的二次污染。

产业化水平低的根源在于废纸再生产业扶持政策缺乏力度,但产业基础差也是一个重要制约因素。当前国内废纸回收利用的一个重要瓶颈是废纸原料无论在品质还是规模上都难以满足造纸企业的要求。

我国各地仅简单地将废纸分为书刊杂志、报纸、纸板、纸袋、白纸边等有限的几种,缺乏统一标准,而且以散装的形式从废旧物资集散市场向外运输。而国际上标准化的商品打包废纸已经成为大宗贸易商品。美国的废纸分类标准已经高达50种。加之我国造纸原料草浆、木浆混杂,废纸的原料纤维成分也难以与国外木浆废纸相比。

在缺乏行业标准和统一监管的情况下,我国废纸回收体系十分散乱,难以出现有实力的大型废纸供货商。国内废纸的混杂和小批量运输，难以满足造纸企业大规模生产的需要。为追求稳定的供货渠道和原料品质，大中型造纸企业采用进口废纸作为原料实为必然。

倡导绿色文明

20世纪中叶，环境问题开始作为一个重大问题由一些科学家提出来。人类首先的反应是依据传统学科的理论和方法去研究相应的治理方法和技术，然而在实践中，人类进一步体会到：单靠科学技术手段，用工业文明时代的思维定式去对环境进行修修补补是不能从根本上解决问题的，必须在各个层次上去调控和改变人类社会的思想和行为。人类终于认识到：人类对自然的态度涉及到人类自身文明的生死存亡。

地球需要绿化，但这只是治标，根本而言，首先应该绿化我们的心。环境污染是近、现代工业化过程的产物，但根源还是人心的问题，即是人性、道德、伦理、哲学层次上的问题。只有清除"心灵污染"，才是人类社会能够持续发展的根本途径。我们需要一种新的文明、新的道德伦理观来绿化我们的心灵。

生态学知识告诉我们：生物圈并不需要人类，而人类却绝对离不开生物圈。假如人类从地球上消失，生物圈可能会如常运作，而且会更少一些污染，更多一些物种。

"黄色文明"

农业文明和工业文明曾分别被形象地比喻为"黄色文明"和"黑色文明"，农民赖以为生的黄土成为农业文明的象征，从工厂的烟囱和汽车排放出的滚滚黑色烟雾成为工业文明的特征，此外它们还有一个共同特征：都是以牺牲环境为代价来换取经济的增长。

人类无论怎样推进自己的

文明，都无法摆脱文明对自然的依赖。人与自然就像是一盘相互对弈的棋，而且这是一盘人类永远也下不赢的棋（永远到直至人类自然或突然灭绝）。宇宙按其自然规律演化，如果人类违背这些规律，最终的输者必是人类。即使他能攫取到一些满足，但最后连生存都将不可持续。

人可以无所不能，但绝对应该有所不为。

人类需要"进行一场环境革命"来拯救自己的命运，需要从对人类文明史的反思中建设一种新的人与自然可持续发展的文明。今天，一个环境保护的绿色浪潮正在席卷全球，这一浪潮冲击着人类的生产方式、生活方式和思维方式。人类将重新审视自己的行为，摒弃以牺牲环境为代价的黄色文明和黑色文明，建立一个人与大自然和谐相处的新的人类文明阶段——绿色文明。

绿色文明是对人类进入工业文明时期以来所走过的道路进行反思的结果。这些新观念的出现是历史的必然，是取代工业文明的新文明的核心内容。

绿色文明将是人类与自然以及人类自身间高度和谐的文明。人与自然相互和谐的可持续发展，是绿色文明的旗帜和灵魂。

绿色文明观把人与环境看作是由自然、社会、经济等子系统组成的动态复合系统，以人类社会和自然的和谐为发展目标，以经济与社会、环境之间的协调为发展途径。

绿色文明道德观提倡人类与自然的和谐相处、协调发展、协同演化，也就是说人类应理解自然规律并尊重自然本身的生存发展权；人类对自然的"索取"和对自然的"给予"保持一种动态的平衡；绿色文明既反对无谓地顺从自然，也反对统治自然。

绿色文明要求把追求环境效益、经济效益和社会效益的综合进步作为文明系统的整体效益。环境效益、经济效益和社会效益是应该而且可以相互促进的。如一个好的生态环境有利于人体健康和经济发展；经济发展则为生态环境保护和社会发展提供物质基础；而社会的健康发展又使人们的环境保护意识和生产能力得以增强。

绿色文明认为技术是联结人类与自然的纽带。同时，技术又是一把双刃剑，一刃对着自然，一刃对着人类社会，所以必须对技术的发展方向进行评价和调整。

绿色文明要求打破传统的条块分割、信息不畅通和拍脑门决策的管理体制；建立一个能综合调控社会生产、生活和生态功能，信息反馈灵敏，决策水平高的管理体制。这是实现社会高效、和谐发展的关键。

绿色文明主张人与人、国与国之间的关系互相尊重，彼此平等。一个社会或一个团体的发展，不应以牺牲另一个社会或团体的利益为代价。这种平等的关系不仅表现在当代人与人、国与国、社团与社团的关系上，同时也表现在当代人与后代人之间的关系上。

在《中国的21世纪议程》中提出："在小学《自然》课程、中学《地理》课程中纳入资源、生态、环境和可持续发展内容；在高等学校普遍开设《环境与发展》课程，设立与可持续发展密切相关的研究生专业，如环境学等，将可持续发展贯穿于从初等到高等的整个教育过程中。"

只有共同的忧患，才有共同的行动；只有共同的行动，才有共同的未来。

人类共同居住在一个地球上，全球资源通过世界市场共享；全球环境问题跨越国界，影响每一个国家和每一个地球村民。要达到全球的可持续发展必须建立起巩固的、全新的国际秩序和合作关系。保护环境、珍惜资源是全人类的共同任务。

中国环境标志

人们逐渐达成共识：走可持续发展之路，建立可持续的生产和生活方式是人类的惟一选择。清洁生产、环境标志、环境保护运动、绿色消费……绿色已经进入到经济、政治、生活的各个领域，人类正在绿化自己。我们希望人类社会能因此进入一个生机勃勃、绿意盎然、充满希望的春天，在21世纪开创绿色文明的崭新时代。

绿色使人想起树木、草地、青山碧水，想起春天；绿色象征生命，象征和平，象征勃勃的生机，象征繁荣。绿色是人与自然和谐相处、协调发展的人类新文明的标志。

环境学

环境学,研究人类生存的环境质量及其保护与改善的科学。

环境科学研究的环境,是以人类为主体的外部世界,即人类赖以生存和发展的物质条件的综合体,包括自然环境和社会环境。

自然环境是直接或间接影响到人类的,一切自然形成的物质及其能量的总体。现在的地球表层大部分受过人类的干预,原生的自然环境已经不多了。

环境科学所研究的社会环境是人类在自然环境的基础上,通过长期有意识的社会劳动所创造的人工环境。它是人类物质文明和精神文明发展的标志,并随着人类社会的发展不断丰富和演变。

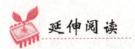

可持续发展的提出

可持续发展的概念最先是在1972年在斯德哥尔摩举行的联合国人类环境研讨会上正式讨论。这次研讨会云集了全球的工业化和发展中国家的代表,共同界定人类在缔造一个健康和富生机的环境上所享有的权利。自此以后,各国致力界定"可持续发展"的含义,现时已拟出的定义有几百个之多,涵盖范围包括国际、区域、地方及特定界别的层面,是科学发展观的基本要求之一。

1980年国际自然保护同盟的《世界自然资源保护大纲》提出:"必须研究自然的、社会的、生态的、经济的以及利用自然资源过程中的基本关系,以确保全球的可持续发展。"

1981年,美国出版《建设一个可持续发展的社会》,提出以控制人口增长、保护资源基础和开发再生能源来实现可持续发展。

1987年,世界环境与发展委员会出版《我们共同的未来》报告,将可持

续发展定义为:"既能满足当代人的需要,又不对后代人满足其需要的能力构成危害的发展。"作者是挪威首位女性首相,她对于可持续发展的定义被广泛接受并引用,这个定义系统阐述了可持续发展的思想。

1992年6月,联合国在里约热内卢召开的"世界环境与发展大会",通过了以可持续发展为核心的《里约环境与发展宣言》《21世纪议程》等文件。

随后,我国政府编制了《中国21世纪人口、资源、环境与发展白皮书》,首次把可持续发展战略纳入我国经济和社会发展的长远规划。

环境保护是可持续发展的重要方面。可持续发展的核心是发展,但要求在严格控制人口、提高人口素质和保护环境、资源永续利用的前提下进行经济和社会的发展。发展是可持续发展的前提;人是可持续发展的中心体;可持续长久的发展才是真正的发展,使子孙后代能够永续发展和安居乐业。

提倡绿色消费

生态学上,将所有的生物划分为三大类:生产者,消费者,分解者。生产者指各种绿色植物,因为它们可以利用太阳的光能和二氧化碳,通过光合作用生成有机物。消费者指各种直接或间接以生产者为食的生物。我们人类被列入消费者的行列。分解者指各种细菌、真菌等微生物,它们分解生产者和消费者的残体,将各种有机物再分解为无机物,归还到大自然中去。整个自然的各种生命,组成了一个完美的循环。

随着生产力的发展,我们人类的消费也逐渐变得越来越复杂。在原始阶段,人类不外乎是采集野果,捕捉猎物,消费的剩余物也是自然界中的东西,很容易被分解者还原到自然中去。而在近代和现代,人工合成了许多自然界不存在的消费品,如塑料、橡胶、玻璃制品等,这些消费品的残余物,被人类抛弃进了大自然中,但分解者还没有养成吃掉它们的"食性"。塑料、橡胶、玻璃等难以腐烂,难以在短期内重新以自然界能消融的形式再返大自然,便作为垃圾堆存下来。

另外,我们所使用、所食用的东西,它们的生产过程已经不是纯粹的自然过程,因此,它们的生产,也对环境产生了影响。例如,我们吃的面粉,它的生长过程需要大量的人工、机械,甚至化学药剂的投入。

首先,麦种可能是人工培育出的高产杂交品种,需要农业生物学家的研究和育种,种植时需要机械播种,接着在生长过程中为了提高产量可能需要施加化肥,为了抵抗害虫的侵袭而喷洒杀虫剂,为了去除野草使用除草剂,最后还要机械收割,脱壳,再磨成粉,去除麸皮……小麦的生长阶段和面粉的加工过程中,都会对环境产生影响。播种、收割用的机械,需要人工制造,钢铁需要从采矿开始,到制成机身;机械的开动需要柴油或汽油等能源;未被吸收的化肥会随着径流进入河流、湖泊,造成富营养化;农药会杀死害虫以外的其他生物,还会残留在土壤中,破坏土壤结构,加剧土壤流失。

小麦收割

绿色食品并不是指绿颜色的食品。奶粉可以是绿色食品,牛肉也可以是绿色食品。如果你注意观察,许多食品的包装袋上都有一个小绿苗的标志,旁边有"绿色食品"的字样。这些食品在生产和加工的过程中,尽量不用或少用化学药品。因为化学药品可能会残留在食物中,随着进入人体,对我们的健康造成损害。

例如,果园里喷洒农药,农药会残留在水果的表皮中;用生长激素喂猪,激素会进入猪肉中,人吃了这样的猪肉,激素会影响人体的新陈代谢和正常发育。有机食品比绿色食品的要求更严格,它们的生产过程完全不允许使用任何化学合成物质,它们是真正无污染、高品位、高质量的健康产品。

2300年前亚里士多德就说过:人类的贪婪是不能满足的。在人们面对丰富的物质世界、琳琅满目的商品、各种各样娱乐方式时,人们有着不断膨胀的物欲,想得到的是更多的物质。工业化国家过去几十年中形成了一个消费主义社会,消费被渗透到社会价值之中。在国家经济增长的政策中,消费被看作是推动经济发展的动力。

在二战后开始富裕的美国，一位销售分析家声称："我们庞大而多产的经济……要求我们使消费成为我们的生活方式，要求我们把购买和使用货物变成宗教仪式，要求我们从中寻找我们的精神满足和自我满足……我们需要消费东西，用前所未有的速度去烧掉、穿坏、更换或扔掉。"

事实上，几十年来，西方工业化国家正是沿着这么一条道路在发展，创造了一种高消费的生活方式。在经济逐渐起飞的发展中国家，人们也在拼命追随这种标志着所谓"现代生活"的消费主义潮流。占世界人口1/5的西方工业国家的消费者们，把世界总收入的64%带回家中。他们消耗了更多的自然资源，对生态系统的影响也更大。

在世界范围内，从20世纪中叶以来，对铜、能源、肉制品、钢材和木材的人均消费量已经大约增加一倍；轿车和水泥的人均消费量增加了3倍；人均使用的塑料增加了4倍；人均铝消费量增加了6倍；人均飞机里程增加了33倍。这些消费的迅猛增加都与一定程度的环境损害相联系。这些增加的消费，主要发生在发达国家；一些发展中国家的消费水平也有了一些提高。而最贫穷的国家，消费几乎没有什么变化。

就美国而言，今天的美国人比他们的父母多拥有2倍的汽车、多行驶2倍半的路程、多使用21倍的塑料和多乘坐25倍距离的飞机。高消费的生活方式给环境带来了巨大影响。这种生活方式需要巨大的和源源不断的商品输入，例如汽车、一次性物品和包装、高脂饮食等物品——生产和使用它们需要付出高昂的环境代价。

给消费主义社会提供动力来源的矿物燃料，释放出的二氧化碳占所有矿物燃料释放出二氧化碳的2/3；工业化国家的工厂释放了世界绝大多数的有毒化学气体；他们的空调机、烟雾辐射和工厂释放了几乎90%的臭氧层消耗物质——氟氯烃。

而且，工业化国家的许多消费，需要从贫穷国家输入原料。贫穷的发展中国家为了偿还外债或使收支相抵，被迫出卖大量的初级产品，而这些产品会损害他们的生态环境。巴西便是一个活生生的例子：因为背负着一笔超过1000亿美元的外债，巴西政府通过补贴来鼓励出口工业。结果，这个国家成为一个主要的铝、铜、钢铁、机械、牛肉、鸡肉、大豆和鞋的出口国。工业化国家的消费者得到了便宜的消费品，而巴西却受着污染、土地退化和森林破坏的困扰。

世界上有大约 11 亿人口挣扎在贫困线上。他们主要生活在南亚、撒哈拉以南的非洲和拉丁美洲的部分地区。这些占世界 1/5 的人口只得到了世界收入的 2%。他们住在茅草棚中，得不到洁净安全的饮用水；他们一无所有，步行能及之处是他们的生活领域。他们尚在为吃饭发愁，处于营养不良状态。

高消费的生活方式被错误地当作一种先进的时尚而被追随。宽敞的住房、私人汽车、名牌服装等成为发展中国家新近富有起来的阶层的标志。而进口食品、冷冻食品、一次性用具、各种家用电器等在寻常人家也越来越普遍。

本杰明·富兰克林曾经说过：“金钱从没有使一个人幸福，也永远不会使人幸福。在金钱的本质中，没有产生幸福的东西。一个人拥有的越多，他的欲望越大。这不是填满一个沟壑，而是制造另一个。"

高消费的生活方式是否令人们感到更幸福呢？就像人们常说的：幸福是金钱买不到的。对生活的满足和愉悦之感，不在于拥有多少物质。我们可以看见贫穷而快乐的家庭，也可以看见富有而不幸福的家庭。

据心理学家的研究，生活中幸福的主要决定因素与消费没有显著联系。牛津大学心理学家麦克尔·阿盖尔在其著作《幸福心理学》中断定，"真正使幸福不同的生活条件是那些被三个源泉覆盖了的东西——社会关系、工作和闲暇。并且在这些领域中，一种满足的实现并不绝对或相对地依赖富有。事实上，一些迹象表明社会关系，特别是家庭和团体中的社会关系，在消费者社会中被忽略了；闲暇在消费者阶层中同样也比许多假定的状况更糟糕。"

因此，我们应该摒弃拥有更多更好的物质便会更满足的想法，因为物质的需求是无限的。而生活的物质需要是可以通过比较俭朴的方式来实现的。幸福和满意之感只能源自于我们自身对家庭生活的满足、对工作的满足以及对发展潜能、闲暇和友谊的满足。既然幸福与消费程度不显著相关，幸福只是一种内心的体验，追求幸福之感则没有必要通过追求物质生活的享受来实现了。

知识点

富营养化

富营养化是一种氮、磷等植物营养物质含量过多所引起的水质污染现象。在自然条件下，随着河流夹带冲击物和水生生物残骸在湖底的不断沉降淤积，湖泊会从平营养湖过渡为富营养湖，进而演变为沼泽和陆地，这是一种极为缓慢的过程。但由于人类的活动，将大量工业废水和生活污水以及农田径流中的植物营养物质排入湖泊、水库、河口、海湾等缓流水体后，水生生物特别是藻类将大量繁殖，使生物量的种群种类数量发生改变，破坏了水体的生态平衡。

延伸阅读

公众主要消费心理

1. 从俗心理，即入乡随俗，消费行为上的趋同心理。

2. 同步心理，即我们通常所说的攀比心理，相同的社会阶层，在消费行为上有相互学习的倾向。

3. 求美心理，指人们在消费活动中追求美好事物的心理倾向。

4. 求名心理，指某些消费者希望借助名牌商品提高自己的社会地位的心理倾向。

5. 求异心理，这是与从俗心理相反的一种心理现象，追求一种与社会流行不同的消费倾向。

6. 好奇心理，指某些消费者对市场上不常见的产品的追求。

7. 偏好心理，指某些消费者对某些特殊消费活动的执着追求。

8. 便利心理，指消费者主要从功能便利的角度选择商品的心理现象。

9. 选价心理，指顾客在选择商品时，对价格的特殊关注。

这些心理类型并不分属于不同的人，而是不同程度地存在于每一个消费者的心中。当一种产品满足了顾客某一类心理需求时，就会诱发他的购买动机。

绿色科技的兴起

经过漫长、曲折的人类文明进化过程，现在的人类已获得了无数的方法，在空前的规模上改造环境的能力。如果对此明智地使用，就可以给人类带来开发的利益和生活质量的提高；如果轻率地使用这种能力，就会给人类和人类环境造成无法估计的损害。

人类发展的历史证明：科学技术在改变人类命运的过程中具有伟大而神奇的力量。在今天人类面临环境退化和经济发展两难境地的历史关头，更是如此。

人口多少、经济增长和科学技术是人类活动中对环境影响最大的因素，大致可以用这样一个式子来表示：环境污染 = 排污系数 × 人均收入 × 人口

那么为了控制环境污染可以从等式右边分别入手：降低污染强度、减少人均收入和控制人口增长。

然而人口的合理增长和经济福利水平的持续提高是人类社会追求的福祉。相形之下，最有调节和控制弹性的变量就是经济活动的污染强度，即通过大幅度降低污染强度而实现在绝对人口总量增长、人均收入水平日益提高的情况下抑制环境退化的目标。

曾几何时，一些传统的诸如能源、化工、冶炼、酿造、造纸等领域的科技应用确实伴随着大量的污染问题；但随着科技的进步，已产生了许多对环境无害甚至有益的科技。问题的核心在于人如何正确认识、掌握、发展和应用科技，使之与对人类福祉的追求并行不悖。实际上，我们是完全可以做到这一点的。

严重的化工污染

对于汽车排放尾气污染环境的问题，身受其害的人们为此大张挞伐：应

该限制汽车，最好不生产。然而持反对意见的人们也有自己的理由：汽车解决了人的交通问题，而且可以促进经济发展——尽管它确实带来一些污染环境问题，并给人们的身体健康带来了损害。要解决好这个问题，采取"因噎废食"的办法是行不通的，根本的途径在于让科技来参与。据报载：环境保护型汽车已经诞生，它使用液化石油气或者电气，具有燃烧充分、排气洁净等特点，一举解决了尾气污染问题，加上先进的引擎设计，如低热排放发动机、陶瓷发动机、改进的机动车电子控制等，绿色科技将使这样的低噪声、无尾气污染、节能型汽车在未来大放异彩。

再比如"白色污染"，解决这个问题，严禁生产和使用塑料类产品并非上策，因为某些塑料类产品确实给人们带来了方便。根本的出路也在于让科技来参与：一家公司已经研究出一种"绿色餐具"，以麦秆、稻草、玉米秆、甘蔗渣等植物纤维为原料，不含任何对人体有害的物质。用后48小时可以自行降解，而且扔在海洋江河里还可以做鱼饲料，丢在田地里可以肥田，真正是一举数得。

现在，我们应该全面地认识科技。这意味着我们不但要对现有污染强度大的技术进行淘汰或改造，降低其污染系数；还要对未来在发明和应用新技术时加以谨慎的评价。对于科技带来的影响，应不仅仅只从经济效益来衡量，还要从它对生态环境、对人体健康的直接影响和长期累积效应来衡量。评价指标应体现环境、社会和经济效益的统一。

形象地说：科技需要绿化。从现代环境保护角度来看，不是科技，而是科技伦理决定了人类的未来。

1. 绿色的清洁能源技术

（1）太阳能：太阳能相对于人类来说，是取之不尽而且没有污染的。将阳光聚焦产生热能，可以做成目前人们使用的太阳能热水器、太阳灶；人类还可以通过光电技术将太阳能转化为电能，电子计算器、人造卫星、宇宙飞船就是利用了太阳能转化的电能。

（2）核能：核裂变科技几乎可以

太阳能热水器

在没有污染排放的情况下提供能量。自从 1954 年世界上第一座核电站建成以来，已有 400 多座核电站投入运行，发电量已达到全世界发电总量的 1/6。我国秦山核电站和大亚湾核电站已开始发电，而且我国正在大力发展核能发电技术。

现在的核能发电技术都是利用放射性重元素裂变所产生的热量来发电，其原材料在地球上也是有限的。而且核裂变技术有潜在的放射性污染。

目前世界各国正在研究热核聚变技术，它的原料是地球甚至宇宙中最大量存在的元素氢，而且聚变产物是更稳定且无污染的氦。科学家预言，人类将在 30 年内取得热核聚变的技术，并建成热核聚变发电站。这意味着人类社会的能源结构将发生革命性的变化，能源枯竭的危险将最终无影无踪。

（3）地热能源：地球开始形成是高达几千摄氏度的大火球，表面虽然经过几十亿年已冷却，但其内部仍然保存了大量的热能；地球内部的放射性元素衰变时也能释放出大量的热量。地热能源主要存在于地下天然的热水、蒸汽、干热岩石、岩浆等。仅世界干热岩石所储能量就是世界所有矿物燃料能源储量的 20 倍，只是由于今天的科技水平所限人们尚不能完全加以开发利用。

（4）风能：风力行船、提水、推磨，人类利用风能已有几千年的历史。现代技术又可将风能变成效率更高的电能。风能来源丰富，又没有污染。如果将全球陆地上的风能充分利用起来，产生的电力将相当于目前全球火力发电总量的一半。

（5）生物能：在古代，薪柴曾经是人类主要的生活能源，现在广大的农村，仍有很多地方在使用它，它给人类带来了很大的室内空气污染。

沼气——一种新的生物能源，不但热效高，无污染，而且还能消除污染。因为沼气的原料就是大量的生产和生活的废弃物，如人畜粪便、杂草、收割后的庄稼以及扔弃的瓜果蔬菜。我国现在大约有 1000 万个沼气池在农村使用，随着技术进一步提高，沼气还可用于发电和农用机械。

（6）潮汐和温差发电：海洋中蕴藏的丰富动力能（潮汐和波浪）可以用来发电，同时海水表面和深层的温差也可发电。有人计算，如果在南北纬 20 度之间的海洋用温差发电，只要将海水表面温度降低一度，就可以满足全球的电力需要。

2. 环境友好的清洁生产技术和无废技术

无公害的清洁生产技术，不仅要求实现生产过程的无污染或少污染，而

潮汐发电站

且要求生产出来的商品在消费和最终报废处理过程中也不对环境造成损害。

"三废三废，弃之为废，用之为宝。"无废技术就是要实现"没有垃圾，只有资源"的神话，无废技术采取社会生产流程封闭循环的方式，使资源在生产的各个阶段都能得到充分利用，并且不排放污染物质，即甲产品排放的废弃物可作为乙产品的原料，乙产品的废弃物可作为其他产品的原料。

目前兴起的垃圾经济学设立出三条从废弃物到资源再利用的回路：

一是资源型回路，即废纸、废铁回收再利用；

二是商业型回路，即重复利用包装物；

三是能源型回路，如焚烧产生热能发电等。

垃圾经济学认为：世界上没有垃圾，只有放错了地方的资源。

陶瓷发动机

陶瓷首先在高温燃气轮机中，可用于制造叶片、燃烧筒、套管、主轴轴承等，用陶瓷代替镍基、钴基耐热合金，成本可降低到原来的1/30。同时，陶瓷也可用于制造内燃机，可用于制造活塞内衬、气缸、预燃烧室、挺杆、阀门、喷嘴、涡轮增压器转子及轴承等零部件。据测算，若汽车发动机的所有零部件都采用陶瓷制造，其重量可比合金发动机轻2/3，燃料费下降20%。

陶瓷发动机的优越性为：

1. 可以提高发动机的工作温度，从而大大提高效率。例如，对内燃机而言，目前作为其制造材料的镍基耐热合金，工作温度在1000℃左右。而采用陶瓷材料，则可以将工作温度提高到1300℃，使发动机效率提高30%左右。

2. 工作温度高，可使燃料燃烧充分，所排废气中的有害成分大为降低，这不仅降低了能源消耗，而且减少了环境污染。

3. 陶瓷的热传导性比金属低，这使发动机的热量不易散发，节省能源。

4. 陶瓷具有较高的高温强度和热传导性，可延长发动机的使用寿命。

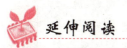

延伸阅读

塑料降解前景

降解塑料是指一类其制品的各项性能可满足使用要求，在保存期内性能不变，而使用后在自然环境条件下能降解成对环境无害的物质的塑料，因此，也被称为可环境降解塑料。

降解塑料目前仍处于不断成熟的阶段，技术含量较高，特别是随着人们对环境污染问题的日益关注和可持续发展战略的实施，降解塑料的研究前景看好，应用领域也将会得到拓展，而降解材料也必将创造一个更环保、更绿色的新天地。

从全球市场来看，生物可降解塑料市场正处于快速增长阶段，我们假设到2015年，降解塑料能够替代3%农用塑料制品传统塑料；替代4%包装用塑料制品传统塑料；假设塑料行业年均增长速度为3%，则全球降解塑料的总需求量将达到440万吨，相对于目前约80万吨的世界总产能，未来5年的CAGR将达到41%。

据研究，自2002年至今，美国市场对降解塑料的需求以每年超过15%的速度增长，特别是对生物降解塑料的需求更是以每年17%的速度增长。欧盟成员国中，英国、德国、意大利、荷兰等国在降解塑料的应用与研究中，也获得了不少进展。欧盟更是修订过指导性的法律文件，推广使用降解塑料制品。

我国降解塑料的研究与应用始于上世纪80年代，同时开始产业化的生产与尝试。目前，我国是全球塑料制品生产和消费大国，生物降解塑料的研发、生产与应用对塑料产业的可持续发展具有重要意义。

据统计，单就是欧洲，其石化类普通塑料制品的年消费量就达5500万吨，我国每年单就是塑料包装袋消耗量就高达1000亿只，约消耗500万吨的石化类树脂原料。因此，保守估计，传统石化类普通塑料制品的年消费量至少在6000万吨以上，而目前，全世界的降解塑料制品总产能却不到百万吨。其中的替代市场将会相当的可观。如果按照目前传统石化类普通塑料制品约10000元/吨的价格水平（保守）计算，这个替代市场的潜在价值就高达数千亿元。

当然，降解塑料由于在某些性能方面仍有所欠缺，其不可能全部替代现在石化类普通塑料制品在某些领域的应用。目前降解塑料制品的主要应用领域大多在垃圾袋、地膜、购物袋等领域，而据保守估计，未来我国将有300万吨的需求量，因此，单是我国市场就有数百亿的市场空间。

生态农业的发展

农业是人类生存之本、衣食之源。

世界上大多数国家经历了或正在经历着农业发展的几个必然阶段：原始的刀耕火种农业、传统的畜力铁器农业和现代的工业式农业。

以农业机械化和能源、化学肥料大量投入为特征的现代农业在发挥出巨大增产潜力的同时也带来了各种各样的灾难。这实际是能量密集型农业。美国科学院前院长汉德勒曾说过："谷物生产之所以能取得大丰收，是由于现代能量密集的农业已经把应用遗传学、灌溉、杀虫剂、除草剂、化肥和机械化同增加产量结合起来，结果现代农业利用日光把矿物燃料转变成食用作物。"

以美国玉米为例，从1945年~1970年每英亩投入的能量增长了213%，而玉米产出仅增长了138%，也就是说，单位能量投入的增产效益不断递减。

生态问题防治：前途光明

这期间每投入1卡能量，以粮食形式回收的能量差不多减少了25%。

现代农业对有限的矿物原料、燃料的高度依赖及其能量投入效益的递减，使这种农业变得十分脆弱并日益走向了死胡同。联合国粮农组织警告说，耕地的锐减，土地退化，众多动、植物濒临灭绝，世界农业正面临着严重威胁。

农业机械化

现代农业过于忽视了农业自身的特点，忽视了农业资源内部可以不断更新、补充、恢复这一自然循环过程，而过分强调了外部的"人工控制"，农业生态危机难以避免，其后果使现代农业的发展难以为继。20世纪90年代以后，许多国家的情况表明其农业正处于一个转折时期，因为增加化肥施用量也很少能促进粮食增产了。

同样，将现代农业的希望完全寄托于农业生物技术的思想也是不现实的。一方面，虽然遗传工程的研究取得了重大突破，但其在近期内最有成效的应用领域局限于医药、动物科学和微生物学领域，"要开发出一套能显著提高主要农作物品种的产量的生物技术手段可能还需要相当长的时间"。另一方面，对人类暂时有利的人为创造出来的新物种终将遭到自然界的排斥，而人类也将因为新物种破坏了自然界的生态平衡，而受到大自然严厉的惩罚。

现代农业的历史经验与教训促使人们重新评估、认识农业的发展道路以及采取何种发展模式等战略性问题。

20世纪60年代，美英一些有识之士提出，发展农业的道路是建立能尽量保留自然生态结构和机能的生产体系。这实际上就是提出了发展生态农业的思想。

1979年在英国召开的第一届国际生物农业会议鲜明地指出："生态农业有代替有机农业（传统农业）的发展趋势。"我国在1980年全国第一次农业生态经济学术讨论会以后也开始构思具有中国特色的生态农业发展战略。

所谓生态农业，是一种遵循生态经济学规律进行经营和管理的集约化农业体系。生态农业要求在宏观上协调生态经济系统结构，协调生态——经济——技术关系，促进生态——经济系统的稳定、有序、协调发展，建立宏观的生态经济动态平衡；在微观上做到各层次分级物质循环和综合利用，提高能量（光能和生物能）转换与物质循环效率，建立微观的生态经济平衡。一个成功的生态农业体系不仅可以做到以较少的投入为提供数量大、品种多、质量高的农副产品，而且能够保护资源、不断增加可再生资源量，提高环境质量。

美国农场

美国不仅是世界工业大国，也是世界农业大国。自20世纪50年代以后，美国的农业一直依赖于大量施用化肥和农药，并采用重型机械化耕作方式，其结果一方面不断提高了生产力，另一方面生产成本日益增加，更为严重的是带来了土壤侵蚀、农作物品质变化、地表和地下水污染等许多问题。

在这种情况下，美国的一些小型农业主开始尝试逐步减少化肥投入量，改为采用另外一些在经济和环境保护方面均有利可图的生产方式，如综合考虑营养物质的循环、固氮过程和其他自然作用的影响，进行虫害综合治理，改进农作物格局，以便更好地处理农作物与耕地生产潜力和自然条件制约因素之间的关系。结果表明，这是一种"可供选择的改变未来农业面貌的低投入农业"。

受此影响，一些大型农场主对此新生事物也产生了浓厚的兴趣。一家种植葡萄的农业公司未用除草剂和杀虫剂，未施用化肥而改用混合粪肥，结果使农场的葡萄产量增加了二成以上，达到每英亩653箱，而原来生产方式下的一般产量为每英亩522箱。

类似的事例还包括其他果树、蔬菜、稻米、畜牧场等农业生产基地的有益尝试。对此，美国全国研究理事会的报告认为：这些新的农业生产方法通常能获得"有效而持续的经济效益和环境保护"。

我国的生态农业已进入了示范工程的发展阶段。生态农业在我国发展很

生态问题防治：前途光明

快缘自于两方面的原因：

1. 我国传统的有机农业有很多方面符合生态农业的原则，如充分用地、积极养地、用养结合，因地制宜、农牧结合、多种经营，综合防治病虫害等。这就为发展生态农业奠定了良好的基础。

2. 是我国指导思想和认识水平的提高。由于人口基数过大，全社会对粮食的需求一直处于旺盛增长状态。为了维持不断增加的人口对粮食的需求，有限的可耕地只好无休止地耕作，土壤肥力的持续下降几乎使土地潜在的生产力遭到破坏，传统农业已难以适应现代化的需要。

在这种情况下，有两条道路可供选择：①走西方发达国家能量密集型的老路；②吸取当代国际农业发展的历史经验，结合我国实际走生态农业的道路。显然后一种选择是明智之举。

正是基于这种认识，我国政府提出了发展"大农业"、"优质、高效、高产型农业"的指导思想，要求"发展农业生产，必须保护农业生态平衡"。并提出了绿色食品的口号的内容，建立绿色蔬菜种植基地。

事实上，我国在这方面的努力是极为成功的。在全国广大的农村建立了为数不少的生态农业示范工程，而且这些示范工程具有类型多种多样的特点，其中有农田型、森林型、草地型、湖泊型、沙漠型、流域型等。除实现农业生产和生态环境协调发展目标之外，这些示范工程还有一个更为积极

农业生态园

的意义，即同时为农村的脱贫致富开创了新的途径，提供了很好的范例。

我国的生态农业强调建立复杂的立体农业结构，要求产品多样化。如农田型生态农业就是一种以种植业为主，辅以畜牧业、加工业、渔业、林业等所构成的重复利用式的主体网络结构。而草地型生态农业则是以种草为纽带，将种草与养畜、养地、保持水土结合起来，形成"土地——植物——动物三位一体"的草地农业系统，这已成为北方黄土高原地区农村经济发展的首选模式。

我国的生态农业与农村经济的发展紧密挂钩，这是我国的国情所决定的。因此，农工商结合、产供销结合成为我国生态农业的又一个不同于西方的特点。

当然，上面介绍的美国和我国正在发展中的生态农业还只是一个雏形，距离理想的生态农业还很遥远。

由于生态农业能够在一个较高的水平上体现生态效益、经济效益和社会效益的统一，我们仍然有理由相信生态农业代表着农业未来的发展方向。应当看到，生态农业的兴起，不仅仅是一个新事物的出现，而是人与自然界反复磨合的结果，是人类思想发展到今天的必然结果。

遗传工程

遗传工程，也叫基因工程、基因操作或重组DNA技术，是20世纪70年代以后兴起的一门新技术，其主要原理是用人工的方法，把生物的遗传物质，通常是脱氧核糖核酸（DNA）分离出来，在体外进行基因切割、连接、重组、转移和表达的技术。基因的转移已经不再限于同一类物种之间，动物、植物和微生物之间都可进行基因转移，改变宿主遗传特性，创造新品种（系）或新的生物材料。

世界粮食日的由来

世界粮食日（World Food Day，缩写为WFD），是世界各国政府每年在10月16日围绕发展粮食和农业生产举行纪念活动的日子。世界粮食纪念日，是在1979年11月举行的第20届联合国粮食及农业组织（简称"联合国粮农组织"）大会决定：1981年10月16日为首次世界粮食日纪念日。此后每年的这个日子都要为世界粮食日开展各种纪念活动。

生态问题防治：前途光明

1972 年，由于连续两年气候异常造成的世界性粮食歉收，加上苏联大量抢购谷物，出现了世界性粮食危机。联合国粮农组织于 1973 年和 1974 年相继召开了第一次和第二次粮食会议，以唤起世界，特别是第三世界注意粮食及农业生产问题。但是，问题并没有得到解决，世界粮食形势更趋严重。关于"世界粮食日"的决议正是在这种背景下做出的。

选定 10 月 16 日作为世界粮食日是因为联合国粮农组织创建于 1945 年 10 月 16 日。

联合国粮农组织在关于世界粮食日的决议中要求，各国政府在每年 10 月 16 日要组织举办各种多样、生动活泼的庆祝活动。1981 年 10 月 16 日第一个世界粮食日，世界各国的重视盛况空前。全世界有 150 个国家举办了大规模的庆祝活动；60 多个国家发行了 120 多种以世界粮食日为主题的纪念邮票，还有 33 个国家铸造了 60 多种纪念币，数量达 2 亿枚。显示出世界人民对粮食和农业问题的关心。

自 1981 年第一个世界粮食日以来，我国政府极为重视，农业、粮食、农垦、林业、轻工、水利、卫生、气象、计划生育委员会等部门都积极为此项活动做出贡献。

现在，每年的 10 月 16 日，都成为唤起人们重视粮食和农业的日子。

实施生态恢复

生态恢复指通过人工方法，按照自然规律，使生态系统恢复到干扰前的状态。生态恢复的含义远远超出以稳定水土流失地域为目的的种树，也不仅仅是种植多样的当地植物；其目的是试图重新创造、引导或加速自然演化过程。

人类没有能力恢复天然系统，但可以帮助自然。如把一个地区需要的基本植物和动物放到一起，提供基本的条件，然后让它自然演化，最后实现恢复。因此，生态恢复的目标主要是创造良好的条件，促进一个群落发展成为由当地物种组成的完整生态系统，或者说是为当地的各种动物提供适宜的栖息环境。

生态恢复的具体目标主要有 4 个：恢复诸如废弃矿地等极度退化的生境；提高退化土地上的生产力；在被保护的景观内去除干扰以加强保护；对现有

生态系统进行合理利用和保护，维持其服务功能。

恢复生态的方法有物种框架方法和最大多样性方法。

1. 物种框架法。

物种框架法是指建立一个或一群物种，作为恢复生态系统的基本框架。这些物种通常是植物群落中的演替早期阶段（或称先锋）物种或演替中期阶段物种。这个方法的优点是只涉及一个（或少数几个）物种的种植，生态系统的演替和维持依赖于当地的种质资源（或称"基因库"）来增加物种和生命，并实现生物多样性。

这种方法最好是在距离现存天然生态系统不远的地方使用，例如保护区的局部退化地区恢复，或在现存天然斑块之间建立联系和通道时采用。

应用物种框架方法的物种选择标准：

（1）抗逆性强：这些物种能够适应退化环境的恶劣条件。

（2）能够吸引野生动物：这些物种的叶、花或种子能够吸引多种无脊椎动物（传粉者、分解者）和脊椎动物（消费者、传播者）。

（3）再生能力强：这些物种具有"强大"的繁殖能力，能够帮助生态系统通过动物（特别是鸟类）的传播，扩展到更大的区域。

（4）能够提供快速和稳定的野生动物食物：这些物种能够在生长早期（2年~5年）为野生动物提供花或果实作为食物，而且这种食物资源是比较稳定的和经常性的。

2. 最大多样性法。

最大多样性方法是尽可能地按照该生态系统退化以前的物种组成及多样性水平安排物种从而实现生态恢复，需要大量种植演替成熟阶段的物种，而并非先锋物种。这种方法适合于小区域高强度人工管理的地区，例如城市地区和农业区的人口聚集区，要求高强度地人工管理和维护。

恢复生态的途径主要有：

1. 恢复原生生态系统。

实践表明，恢复原生生态系统是一种过于追求"理想主义"的途径：

一是恢复的目标具有不确定性，即恢复某生态系统历史上哪一个时间阶段的状态；

二是"恢复"这个词有静态的含意，因而恢复不仅要试图重复过去的环境，而且要通过管理以维持过去的状态，但事实上自然界是动态的；

三是由于气候变化、关键种缺乏或新种入侵，完全恢复原生态系统几乎是不可能的。

2. 生态系统的修复。

生态系统修复强调的是改良、改进、修补和再植。改良强调立地条件的改善以使原有的生物生存和繁衍；改进强调对原有受损系统的结构与功能的提高；修补是修复部分受损的结构；再植除了包括恢复生态系统的部分结构和功能外，还包括恢复当地先前的土地利用方式。

3. 生态系统的重建。

也叫生态更新，指生态系统发育的更新。有学者认为生态恢复就是再造一个自然群落或再造一个可以自我维持、并保持后代的可持续性发展的群落；还有学者认为，生态恢复是关于组装并试验群落和生态系统如何工作的过程。

脊椎动物和无脊椎动物

脊椎动物：有脊椎骨的动物，这一类动物一般体形左右对称，全身分为头、躯干、尾三个部分，躯干又被横膈膜分成胸部和腹部，有比较完善的感觉器官、运动器官和高度分化的神经系统。包括鱼类、两栖动物、爬行动物、鸟类和哺乳动物等五大类。

无脊椎动物：是背侧没有脊柱的动物，它们是动物的原始形式。其种类数占动物总种类数的 95%。分布于世界各地，现存约 100 余万种。包括棘皮动物、软体动物、腔肠动物、节肢动物、海绵动物、线形动物等。

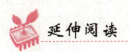

恢复生态学的出现

全球变化、生物多样性丧失、资源枯竭和生态环境退化使人类陷于了自身导演的生态困境之中,并严重威胁到人类社会的可持续发展。因此,如何保护现有的自然生态系统,综合整治与恢复已退化生态系统,以及重建可持续的人工生态系统,已成为摆在人类面前亟待解决的重要课题。在这种背景之下,恢复生态学应运而生,在20世纪80年代得以迅猛发展,现已日益成为世界各国的研究热点。1996年,美国生态学年会把恢复生态学作为应用生态学的五大研究领域之一。

恢复生态学是研究生态系统退化的原因、退化生态系统恢复与重建的技术和方法及其生态学过程和机理的学科。对于这一定义,总的来说没有多少异议,但对于其内涵和外延,有许多不同的认识和探讨。这里所说的"恢复"是指生态系统原貌或其原先功能的再现,"重建"则指在不可能或不需要再现生态系统原貌的情况下营造一个不完全雷同于过去的甚至是全新的生态系统。

目前,恢复已被用作一个概括性的术语,包含重建、改建、改造、再植等含义,一般泛指改良和重建退化的自然生态系统,使其重新有益于利用,并恢复其生物学潜力,也称为生态恢复。生态恢复最关键的是系统功能的恢复和合理结构的构建。

改变环境承载能力

人类所面临的环境现实是极其严酷的。人类向环境索取人体所需的物质,如空气、水和食物,而环境可供给人类的物质,却因污染而质量变劣,甚至数量不足。人类向环境索取生产活动所必须的资源,如矿物和燃料,而环境可供人类利用的资源,却因贮量有限而日趋短缺,甚至枯竭。

在这种情况下,人们开始思索这庞大的地球到底能容纳和养活多少人?就是说地球的承载能力到底有多大呢?有人说,今日的地球上,人口已经过多,已经超出了地球环境的承载能力。有人说,人口还可以增加一倍到两倍,环境所拥有的物质财富,正等待着增加的人们去利用。

实际上,环境承载能力的大小是同人类对它的开发和利用能力有关的。随着科学技术的发展,人类利用自然和改造环境的能力正不断提高,环境的承载能力也将随之不断提高。就人体所需的食物来说,都来自动物和植物,但归根结底是来源于植物。

今天,人类利用化肥和农药,极大的提高了作物的产量。未来,人类必将采取新的技术手段,以获得更多的谷物。

我们知道,各种植物的生长都依靠植物的光合作用。但是,植物的光合作用效率是很低的,即植物在阳光下把二氧化碳和水等简单的无机物转化为葡萄糖等有机物的效率一般只有1‰~5‰。我们如果能够找到提高植物光合作用效率的途径,哪怕是能提高1‰,那么植物的产量就会成倍增加,就可能养活更多的动物,人类也将获得更多的食物。

另外,如果能提高食物的利用水平,环境中的食物也能供养更多的人类。有人作过这样的推算:如果一个小孩子一年内仅以牛犊为食,他需要4.5头牛犊。4.5头牛犊需要4公顷苜蓿喂养。显然,如果牛犊利用苜蓿水平提高,那么4公顷苜蓿就能养活更多的牛犊,也就能供养更多的人。

就人类所需要的矿产资源来说,在当前的技术和经济条件下,能够被人利用的富矿和优质矿产资源是极有限的。

但是,人类如果能解决贫矿开采和冶炼所存在的技术问题及经济问题,那么,地球的矿产资源储量就会成倍增加。例如,目前人类开采的铜矿石,最低含铜量约为4‰,如果能利用含量为2‰的铜矿石,那么世界的铜矿储量

铜矿区

就会增加 25 倍。随着采矿和冶炼技术的进步，某些今天看来没有利用价值的废石、废渣，也将成为有用的矿石和原料。

此外，随着海洋的开发，也将为人类提供丰富的矿产资源。例如，每吨海水中含铀约为 3 毫克，全球海洋中就有 40 亿吨铀。在深海的沉积物中，有大量的"锰结核"，其中含有锰、铜、钴、镍等多种金属。这种锰结核仅太平洋中就有 4000 亿吨。

海底还有许多可供人类利用的矿产，如海底石油储量约占世界石油总储量的一半以上。海洋中生物资源也很丰富，在动物界里，从单细胞的原生动物到高等的哺乳动物，海洋中都有。现有的 62 个纲的动物，有 31 个纲的动物生活在海洋里。

人类的智慧和能力是无穷的，人类终将学会用自己的智慧和双手，克服和解决人类发展中所遇到的困难，发掘环境的潜力，创造出更加美好的生存环境。

苜蓿

苜蓿是苜蓿属植物的通称，俗称"三叶草"（三叶草亦可称其他车轴草族植物）。是一种多年生开花植物。其中最著名的是作为牧草的紫花苜蓿，不仅产量高，而且草质优良，各种畜禽均喜食。

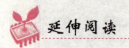

锰结核的发现

大洋底蕴藏着极其丰富的矿藏资源，锰结核就是其中的一种。锰结核是沉淀在大洋底的一种矿石，它表面呈黑色或棕褐色，形状如球状或块状，它含有 30 多种金属元素，其中最有商业开发价值的是锰、铜、钴、镍等。

1872 年～1876 年，英国的一艘叫"挑战者"号的三桅帆船，在海上进行了长达3年多的考察，这次考察收获不小，队员们带回了一些黑不溜秋的像瘤子一样的东西，是从不同地区的海底捞上来的，开始谁也不知道是什么，于是就拿到化验室去分析，结果发现这种像瘤子一样的玩艺儿的主要成分是锰，于是有人就把这种黑玩艺叫"锰矿瘤"，因为它又像患结核病人的结核，所以后来都叫锰结核或金属结核。

后来，美国的海洋学家听到英国考察队的收获后，也派人在太平洋海底寻找这种矿物，一次，在夏威夷附近的海底发现了一块重达57千克的锰结核。更巧的一次是海洋学会的一条水下电缆发生故障，在修理电缆的过程中，他们发现了一个更大的锰结核，有136千克重。可惜的是，这些人嫌它太重，只给它描绘了一张图，就又把它丢进了海里。

不久，前苏联的维特亚兹考察队在印度洋海底也发现了含铁和锰的铁锰结核。但是，在第二次世界大战以前，人们对深海里的这些东西并没有很大兴趣，一是陆地上的锰和铁并不感到缺乏，二是到海底捞这些东西也挺费事，觉得不合算。但到第二次世界大战之后，世界上生产的锰钢越来越多，锰这类金属（还有铜、镍、钴等）就愈来愈缺乏。于是，人们就想起了海底的这些宝贝。尤其是美国、法国、德国、苏联、日本、新西兰、印度等国对深海锰结核开展了大量的勘察工作，都想从海底把这些金属矿弄出来。要知道，有些锰结核中的锰含量高达50%，铁含量达27%。有些锰结核中的二氧化锰含量竟达98%，甚至可以不进行什么处理就能直接用来生产一种蓄电池。

据估计，全世界各大洋底锰结核的总量可能有3万亿吨，光太平洋底锰结核就有17000亿吨，其中含锰有4000亿吨，镍164亿吨，铜88亿吨，钴58亿吨。